中高职衔接系列教材

工程 CAD 应用技术

主编　张宪明　刘俊宏

中国水利水电出版社
www.waterpub.com.cn
·北京·

内 容 提 要

　　《工程 CAD 应用技术》为"中高职衔接系列教材"之一，全书共分 6 章，包括 CAD 绘图技术概述、二维图形绘制与编辑、文字/表格及尺寸标注的应用、三维对象创建与编辑、专业图实例解析及绘图技巧、图形的输出与打印等内容，并附有实操题。本教材力求实用，从基本的绘图、编辑命令到具体的专业实例图绘制，从案例出发，不求内容全面，强调训练实际应用能力。每章后均附有习题，供学习者选做。

　　本教材适合作为高职高专水利水电建筑工程、水利工程、水利工程施工技术、水利工程管理、水利工程监理、水利工程造价等专业的 CAD 教材，也可供其他相关专业的师生和工程技术人员学习参考。

图书在版编目（ＣＩＰ）数据

工程CAD应用技术 / 张宪明，刘俊宏主编. -- 北京：
中国水利水电出版社，2016.6(2023.8重印)
中高职衔接系列教材
ISBN 978-7-5170-3960-0

Ⅰ. ①工… Ⅱ. ①张… ②刘… Ⅲ. ①工程制图—
AutoCAD软件—高等职业教育—教材 Ⅳ. ①TB237

中国版本图书馆CIP数据核字(2015)第316571号

书　　名	中高职衔接系列教材 **工程 CAD 应用技术** GONGCHENG CAD YINGYONG JISHU	
作　　者	主编　张宪明　刘俊宏	
出版发行	中国水利水电出版社 （北京市海淀区玉渊潭南路 1 号 D 座　100038） 网址：www. waterpub. com. cn E - mail：sales@mwr. gov. cn 电话：(010) 68545888（营销中心）	
经　　售	北京科水图书销售有限公司 电话：(010) 68545874、63202643 全国各地新华书店和相关出版物销售网点	
排　　版	中国水利水电出版社微机排版中心	
印　　刷	天津嘉恒印务有限公司	
规　　格	184mm×260mm　16 开本　12.5 印张　296 千字	
版　　次	2016 年 6 月第 1 版　2023 年 8 月第 4 次印刷	
印　　数	7001—10000 册	
定　　价	**38.00 元**	

中高职衔接系列教材
编　委　会

前言 QIANYAN

本教材是根据《教育部关于推进中等和高等职业教育协调发展的指导意见》文件精神的要求进行编写的，是为适应高职高专教育改革与发展的需要，以培养技术应用型的高技能人才为目的的系列教材。

《工程 CAD 应用技术》是水利水电工程类专业中一门理论与实践相结合的专业技能课，结合中高职衔接教育教学实际，在编写过程中特别突出实用性，并严格按照水利水电工程制图新规范、新标准的要求编写。

全书共分 6 章，包括 CAD 绘图技术概述、二维图形绘制与编辑、文字/表格及尺寸标注的应用、三维对象创建与编辑、专业图实例解析及绘图技巧、图形的输出与打印等内容，并附有实操题。

本教材在吸收有关教材精华的基础上，以工程案例作为每章出发点，不过分苛求学科的系统性和完整性，强调理论联系实际，突出应用性，并且每章附以一定量的习题，以期突出中高职衔接教育教学的特色。

本教材由广西水利电力职业技术学院张宪明、刘俊宏任主编，广西水利电力职业技术学院陆晓玮、张永祥、张锦萍、梁丹和广西城市建设学校谢艳华任副主编。第 1 章由张锦萍编写，第 2 章由刘俊宏编写，第 3 章由陆晓玮编写，第 4 章由张宪明编写，第 5 章由梁丹编写，第 6 章由张永祥编写，实操题由谢艳华编写。全书由张宪明修改并统稿，由刘志枫主审。

本教材在编写过程中还参考并引用了有关院校编写的教材和全国高职水利院校技能大赛制图员项目竞赛资料，除部分列出外，其余未能一一注明，在此一并致谢！

由于编者水平有限，编写时间仓促，书中缺点和不妥之处在所难免，恳请广大读者批评指正。

编者

2016 年 3 月

目录 MULU

第 1 章

CAD 绘 图 技 术 概 述

知识目标：

    了解 CAD 软件操作界面；掌握几种工作空间的切换；掌握图纸的新建和保存；理解图纸分层的作用。

技能目标：

    能新建和保存工程图纸；能根据图纸特色进行图层分类并建立图层。

1.1 AutoCAD 概 述

1.1.1 AutoCAD 的发展历史

    计算机绘图是 20 世纪 60 年代发展起来的新兴科学，是随着计算机图形学理论及其技术的发展而发展的。CAD（Computer Aided Design）即计算机辅助设计，是一门基于计算机技术而发展起来的、与专业设计技术相互渗透、相互结合的多学科综合性技术。

    AutoCAD 是由美国 Autodesk 公司开发的通用计算机辅助绘图与设计软件包，具有易于掌握、使用方便、体系结构开放等特点，深受广大工程技术人员的欢迎。AutoCAD 自 1982 年问世以来，已经进行了近 20 次的升级，其功能逐渐强大，且日趋完善。如今，AutoCAD 已广泛应用于机械、建筑、电子、航天、造船、石油化工、土木工程、冶金、农业、气象、纺织、轻工业等领域。在中国，AutoCAD 已成为工程设计领域中应用最为广泛的计算机辅助设计软件之一。

    1982 年 12 月，美国 Autodesk 公司首先推出 AutoCAD 的第一个版本，即 AutoCAD 1.0 版。

1983 年 4 月——1.2 版

1983 年 8 月——1.3 版

1983 年 10 月——1.4 版

1984 年 10 月——2.0 版

1985 年 5 月——2.1 版

1986 年 6 月——2.5 版

1987 年 4 月——2.6 版

1987 年 9 月—— 9.0 版

1988 年 10 月——10.0 版

1990 年——11.0 版

1992 年——12.0 版

1994 年——13.0 版

1997 年 6 月——R14 版

1999 年 3 月——2000 版

2000 年 7 月——2000i 版

2001 年 5 月——2002 版

2003 年——2004 版

2004 年——AutoCAD 2005 版

2005 年——AutoCAD 2006 版

2006 年——AutoCAD 2007 版

2007 年——AutoCAD 2008 版

2008 年——AutoCAD 2009 版

2009 年——AutoCAD 2010 版

AutoCAD 2010 除在图形处理等方面的功能有所增强外，一个最显著的特征是增加了参数化绘图功能。用户可以对图形对象建立几何约束，以保证图形对象之间有准确的位置关系，如平行、垂直、相切、同心、对称等关系；可以建立尺寸约束，通过该约束，既可以锁定对象，使其大小保持固定，也可以通过修改尺寸值来改变所约束对象的大小。

AutoCAD 2010 具有如下特点：

（1）具有完善的图形绘制功能。

（2）有强大的图形编辑功能。

（3）可以采用多种方式进行二次开发或用户定制。

（4）可以进行多种图形格式的转换，具有较强的数据交换能力。

（5）支持多种硬件设备。

（6）支持多种操作平台。

（7）具有通用性、易用性。

1.1.2　安装、启动 AutoCAD 2010

1. 安装 AutoCAD 2010

AutoCAD 2010 软件以光盘形式提供，光盘中有名为 SETUP. EXE 的安装文件。执行 SETUP. EXE 文件，根据弹出的窗口选择、操作即可。

2. 启动 AutoCAD 2010

安装 AutoCAD 2010 后，系统会自动在 Windows 桌面上生成对应的快捷方式。双击该快捷方式，即可启动 AutoCAD 2010。与启动其他应用程序一样，也可以通过 Windows 资源管理器、Windows 任务栏按钮等启动 AutoCAD 2010。

1.2　AutoCAD 的 工 作 界 面

AutoCAD 的工作界面是 AutoCAD 显示、编辑图形的区域，本章节将分别介绍 AutoCAD 2010 的默认工作界面和传统的经典工作界面。

1.2.1 AutoCAD 经典工作界面

AutoCAD 2010 的 AutoCAD 经典工作界面,各组成部分如图 1.1 所示。

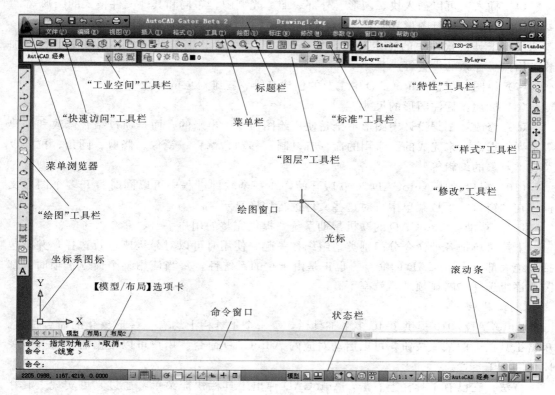

图 1.1 AutoCAD 的经典工作界面

AutoCAD 2010 的操作界面由标题栏、菜单栏、多个工具栏、绘图窗口、光标、命令窗口、状态栏、坐标系图标、【模型/布局】选项卡、滚动条和菜单浏览器等组成,下面简要介绍它们的功能。

1. 标题栏

标题栏位于工作界面的最上方,其功能与其他 Windows 应用程序类似,用来显示 AutoCAD 的程序图标以及当前所操作图形文件的名称(一般系统启动时默认的名称为 Drawing1.dwg)。位于标题栏右上角的按钮 ▬□✕ 可用于实现 AutoCAD 2010 窗口最小化、最大化和关闭操作。

2. 菜单栏

菜单栏位于标题栏下方,使用下拉菜单形式,是 AutoCAD 的主菜单。AutoCAD 将大部分绘图命令分类别放在菜单栏中,通过逐层选择相应的下拉菜单可以调用 AutoCAD 系统命令或者弹出相应的对话框。

各菜单项的主要功能如下:

(1)文件:主要用于图形文件的相关操作,如打开、保存、打印等。

(2)编辑:完成标准 Windows 程序的复制、粘贴、清除、查找,以及放弃、重做等

3

操作。

（3）视图：与显示有关的命令集中在这里。

（4）插入：可以插入块、图形、外部参照、光栅图、布局和其他文件格式的图形等。

（5）格式：进行图形界限、图层、线型、文字、尺寸等一系列图形格式的设置。

（6）工具：软件中的特定功能，如查询、设计中心、工具选项板、图纸集、程序加载、用户坐标系的设置等。

（7）绘图：包括 AutoCAD 中主要的创建二维、三维对象的命令。

（8）标注：标注图形的尺寸。

（9）修改：工程设计中图形不全是使用绘图命令画出来的，而是通过结合修改和创建等系列编辑命令来完成的。常用的命令有复制、移动、偏移、镜像、修剪、圆角、拉伸以及三维对象的编辑等。

（10）窗口：从 AutoCAD 2000 版开始，在一个软件进程中可以同时打开多个图形文件，在"窗口"下拉菜单中可对这些文件进行切换显示。

（11）帮助：AutoCAD 的联机帮助系统，提供完整的用户手册、命令参考等。

下拉菜单把各种命令分门别类地组织在一起，使用时可以对号入座进行选择，并且包括了绝大部分 AutoCAD 的命令。也正是由于它的系统性，每当使用某个命令选项时，都需要逐级选择，略显烦琐，效率不高。

3. 工具栏

AutoCAD 2010 提供了 40 多个工具栏，每一个工具栏上均有一些形象化的命令按钮。单击工具栏上的某一按钮，可以启动对应的 AutoCAD 命令。用户可以根据需要打开或关闭任一个工具栏。

方法：在已有工具栏上右击，AutoCAD 弹出工具栏快捷菜单，通过其可实现工具栏的打开与关闭。

4. 绘图窗口

绘图窗口类似于手工绘图时的图纸，是用户用 AutoCAD 2010 绘图并显示所绘图形的区域。

绘图区域可以任意扩展，在窗口中可以显示图形的一部分或全部，可以通过缩放、平移命令来控制图形的显示。

绘图窗口底部有【模型】【布局 1】【布局 2】3 个标签，【模型】选项卡属于模型空间，用于图形的绘制和编辑；【布局】选项卡用于工程图形的出图设置。

5. 光标

移动鼠标，在绘图区可看到一个十字光标在移动，这就是图形光标。十字线的交点为光标的当前位置。AutoCAD 的光标用于绘图、选择对象等操作。

6. 命令窗口

命令窗口是 AutoCAD 显示用户从键盘键入的命令和显示 AutoCAD 提示信息的地方。默认状态时，AutoCAD 在命令窗口保留最后 3 行所执行的命令或提示信息。用户可以通过拖动窗口边框的方式改变命令窗口的大小，使其显示多于 3 行或少于 3 行的信息。

7. 状态栏

状态栏用于显示或设置当前的绘图状态。状态栏上位于左侧的一组数字反映当前光标的坐标，其余按钮从左到右分别表示当前是否启用了捕捉模式、栅格显示、正交模式、极轴追踪、对象捕捉、对象捕捉追踪、动态 UCS、动态输入等功能以及是否显示线宽、当前的绘图空间等信息。

8．坐标系图标

坐标系图标通常位于绘图窗口的左下角，表示当前绘图所使用的坐标系的形式以及坐标方向等。AutoCAD 提供有世界坐标系（World Coordinate System，WCS）和用户坐标系（User Coordinate System，UCS）两种坐标系。世界坐标系为默认坐标系。

9．【模型/布局】选项卡

【模型/布局】选项卡用于实现模型空间与图纸空间的切换。【模型】选项卡属于模型空间，用于图形的绘制和编辑；【布局】选项卡用于工程图形的出图设置。

10．滚动条

利用水平和垂直滚动条，可以使图纸沿水平或垂直方向移动，即平移绘图窗口中显示的内容。

11．菜单浏览器

单击菜单浏览器，AutoCAD 会将浏览器展开，如图 1.2 所示。

图 1.2　菜单浏览器

用户可通过菜单浏览器执行相应的操作。

1.2.2　AutoCAD 默认界面

首次启动 AutoCAD，就会自动进入"二维草图与注释"工作空间，AutoCAD 默认工作界面如图 1.3 所示。

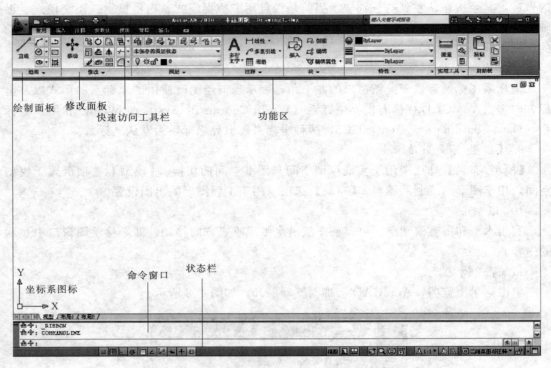

绘制面板　　修改面板

快速访问工具栏　　　　　　功能区

Y

坐标系图标

命令窗口　　状态栏

X

图1.3　AutoCAD默认工作界面

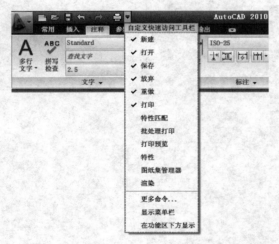

图1.4　快速访问工具栏

1. 快速访问工具栏

使用快速访问工具栏显示常用工具，如【新建】【打开】【保存】等命令。单击右侧下拉按钮，可选择添加或移除快速访问工具栏上的工具，选择"显示菜单栏"可以显示下拉菜单。快速访问工具栏如图1.4所示。

2. 功能区

功能区由许多面板组成，它为与当前工作空间相关的命令提供了一个单一、简洁的放置区域。它取代了传统界面的下拉菜单和工具栏。功能区包含了设计绘图的绝大多数命令，只要单击面板上的按钮就可以激活相应的命令。图1.3中的功能区对应【常用】选项卡，切换功能区选项卡上不同的标签，AutoCAD会显示不同的面板。【注释】功能区面板如图1.5所示。

【常用】标签对应的几个面板介绍如下：

（1）绘图：主要由各种绘图命令组成，类似经典界面的【绘图】工具栏。

（2）修改：主要由各种编辑命令组成，类似经典界面的【修改】工具栏。

图 1.5 　【注释】功能区面板

（3）图层：用于设置图层并显示当前层的名称级状态，显示图层列表及用于切换当前层的操作。

（4）注释：由常用的文字标注和尺寸标注相关命令组成。

（5）特性：主要对图形对象的图层、颜色、线型和线宽等属性进行设置。

单击面板名称右侧的黑三角标志，将展开对应的全部命令按钮。展开绘图面板如图 1.6 所示。

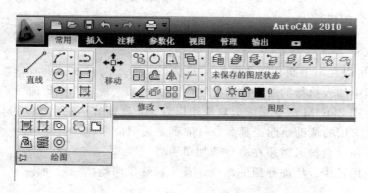

图 1.6　展开绘图面板

3．其他

绘图区域、命令行、状态栏与 AutoCAD 经典界面中的一样，不再赘述。

1.2.3　工作空间的切换

AutoCAD 工作界面通过【工作空间】进行切换，操作如图 1.7 所示。

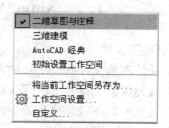

图 1.7　切换工作空间

1.3 AutoCAD 命 令

1.3.1 执行 AutoCAD 命令的方式

(1) 通过键盘输入命令。

(2) 通过菜单执行命令。

(3) 通过工具栏执行命令。

1.3.2 重复执行命令

具体方法如下：

(1) 按键盘上的 Enter 键或按 Space 键。

(2) 使光标位于绘图窗口，右击，AutoCAD 弹出快捷菜单，并在菜单的第一行显示出重复执行上一次所执行的命令，选择此命令即可重复执行对应的命令。在命令的执行过程中，用户可以通过按 Esc 键；或右击，从弹出的快捷菜单中选择【取消】命令的方式终止 AutoCAD 命令的执行。

1.3.3 透明命令

AutoCAD 可以在不中断某一命令执行的状态下插入执行另一条命令，这种可以在其他命令执行过程中插入执行的命令称为透明命令。例如，使用 LINE 命令绘制一条折线到一半时，可以使用 ZOOM 命令来缩放对象用以观察，观察完毕退出 ZOOM 后，可继续执行 LINE 命令。常用的辅助绘图工具命令一般都是透明命令。

透明命令在用键盘输入时须在命令前加单引号（'）。

透明命令应用较少。后面介绍的命令，若无特殊说明均指一般命令。

1.3.4 结束命令的方法

(1) 按 Enter 键结束命令。

(2) 按 Space 键结束命令。

(3) 按 Esc 键结束命令。

(4) 单击鼠标右键，在屏幕菜单中单击【确认】执行。

1.4 AutoCAD 的 文 件 操 作

1.4.1 创建新图形文件

创建一个新的图形文件有以下几种方法：

(1) 单击【标准】工具栏上的【新建】按钮 ▯。

(2) 选择【文件】→【新建】命令。

(3) 在命令行输入命令 NEW。

1. 选择样板文件开始新图

新建图形时会弹出【选择样板】对话框，如图 1.8 所示。

样板文件的扩展名是.dwt。样板文件是绘制新图的一个初始环境，可以看成是一张

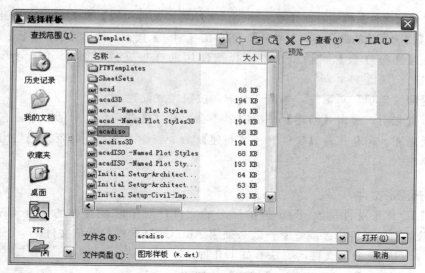

图 1.8　【选择样板】对话框

"底图"，在这个底图上开始绘制新图。AutoCAD 为不同需求的用户提供多个样板文件，其中以"GB"开头的是符合"国标"的样板文件。另外，acad.dwt、acadiso.dwt 分别是英制和公制样板文件，对应图形界限分别是 12×9 和 420×297。推荐以 acadiso.dwt 开始绘制新图，或者选择自己制定的样板文件。

2. 为新建图形指定默认样板

可以为新建图形文件指定默认样板文件，操作如下：

（1）启动【选项】对话框，设置默认样板文件如图 1.9 所示。

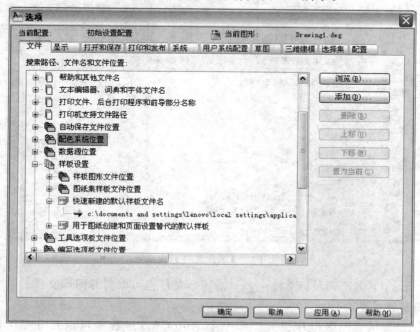

图 1.9　设置默认样板文件

（2）单击【文件】标签，在【搜索路径、文件名和文件位置】列表窗口中展开【样板设置】，选择【快速新建的默认样板文件名】，再单击【浏览】按钮，弹出【选择样板】对话框。

（3）在【选择样板】对话框中，选择欲使用的样板文件，如 acadiso.dwt，再单击"打开"按钮。

（4）返回【选项】对话框，单击"确定"按钮完成设置。

这样设置之后，单击【新建】按钮□就不会出现【选择样板】对话框了，它以上述默认样板开始新图。但是执行【文件】→【新建】命令或输入 NEW 命令时仍然出现【选择样板】对话框。

1.4.2　打开图形文件

AutoCAD 图形文件是以 .dwg 为扩展名的文件，对于已经存在的 AutoCAD 图形文件，如果想对它们进行修改或查看，就必须用 AutoCAD 软件打开该文件。

打开 AutoCAD 图形文件的方法有如下几种：

（1）单击【标准】工具栏上的【打开】按钮 ☞ 。

（2）选择【文件】→【打开】命令。

（3）在命令行输入命令 OPEN。

1. 打开文件

输入命令，打开【选择文件】对话框，在【搜索】下找到要打开文件所在的目录。在该目录下选择一个文件，单击【打开】按钮或者双击选择的文件，该图形文件即被打开并显示在图形窗口中。【选择文件】对话框如图 1.10 所示。

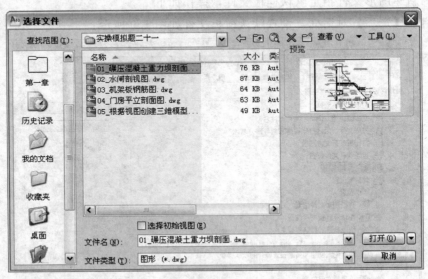

图 1.10　【选择文件】对话框

在 Windows 下浏览到目标文件夹，双击图形文件也可以打开图形文件。

2. 多图形模式界面

AutoCAD 提供多图形操作模式，即一个 AutoCAD 进程中可以打开多个图形文件，这些图形文件之间可以相互复制、粘贴。在【窗口】菜单下可以切换当前窗口显示的图形，或按 Ctrl＋Tab 实现图形切换。

1.4.3　保存文件

保持文件就是把用户所绘制的图形以文件形式存储起来。在用户绘制图形的过程中，要养成经常保存文件的好习惯，以减少因计算机死机、程序意外结束或突然断电所造成的数据丢失。下面介绍两种常用的保存文件的方法。

1. 快速保存

快速保存是以当前文件名及路径存入磁盘的，操作方法有以下几种：

（1）单击【标准】工具栏或【快速访问】工具栏上的保存（ 　）按钮。

（2）选择【文件】→【保存】命令。

（3）在命令行输入命令 SAVE。

如果当前图形没有命名保存过，AutoCAD 会弹出【图形另存为】对话框。通过该对话框指定文件的保存位置及名称后，单击【保存】按钮，即可实现保存。

如果执行 SAVE 命令前已对当前绘制的图形命名保存过，那么执行 SAVE 命令后，AutoCAD 直接以原文件名保存图形，不再要求用户指定文件的保存位置和文件名。

2. 文件另存

"文件另存为"命令用于将当前文件用另一个名字或路径进行保存，操作方法如下：

（1）执行【文件】→【另存为】命令。

（2）在命令行输入命令 SAVE AS。

这时 AutoCAD 弹出"图形另存为"对话框，要求用户确定文件的保存位置及文件名，用户响应即可。

1.5　AutoCAD　绘　图　环　境

在 AutoCAD 中绘图之前，需要定义符合要求的绘图环境，如制定绘图单位、图形界线、绘图比例、绘图样板、布局、图层、图块、文字样式和标注样式等，我们称这个过程为设置绘图环境。设置好的绘图环境可以保存为样板文件，以后就能直接使用该样板文件制定的绘图环境，无需重复定义，并且可以最大限度地规范设计部门内部的图纸，减少重复性的劳动。下面介绍绘图环境相关概念及其设置方法。

1.5.1　对象的基本特性

工程图中表达工程形体需要多种不同的线型，有实线、虚线和点画线，还有粗实线和细实线。在 AutoCAD 中创建的图形对象除了具有不同的线型和不同的线宽等特性外，同时还具有图层、颜色、打印样式等特性。我们称这些特性为对象的基本特性。

1. 图层的概念

图层是一个用来组织图形中对象显示的工具。绘图中的每个对象都必须在一个图层上面，每个图层具有唯一的图层名，都必须有一种颜色、线型和线宽。可以形象地认为，图层就像透明的绘图纸，一张图由多张这样的透明绘图纸组成，每一图层上都可以绘制图形，并且可以透过一个或多个图层看到它下面的其他图层。各图层完全对齐叠合起来成为一张完整的图。

　　例如图 1.11 所示的图形可以分为 2 个图层，分别用于粗实线和点画线的绘制。

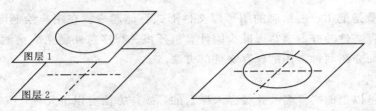

图 1.11　【图层】的概念

　　2. 图层的设置

　　【图层特性管理器】的对话框如图 1.12 所示，用于图层的创建与管理，并为图层设置颜色、线型线宽等特性。启动"图层特性管理器"的方法如下：

　　（1）单击功能区的【常用】选项卡→【图层】面板的【图层特性】按钮 🔳。

　　（2）单击【图层】工具栏的【图层特性】按钮 🔳。

　　（3）在命令行输入 LAYER（LA）。

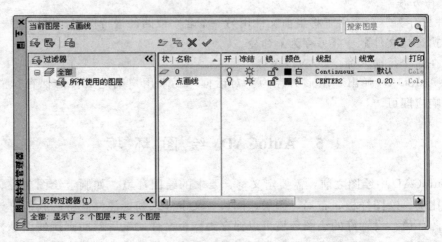

图 1.12　【图层特性管理器】对话框

　　设置图层的操作步骤如下：

　　（1）启动【图层特性管理器】对话框。

　　（2）单击【新建】按钮 🔳，一个新的图层【图层 1】出现在列表中，随之将【图层1】改名如（点画线）。

　　（3）单击对应的图层颜色名、线型名、线宽值为该图层颜色、线型、线宽，如指定【点画线】层为红色、线宽为 0.2mm、线型为 CENTER2（点画线）。

　　（4）重复（2）（3）步创建其他图层，关闭【图层特性管理器】对话框。

　　3. 当前图层

　　一张图可以有任意多个图层，但当前图层只有一个。设置当前图层的方法是单击图层列表中对应的图层名，或在【图层特性管理器】对话框中选择一个图层，然后单击【设置当前】按钮✔。新建的对象在当前图层上，直至改变当前层为止。

4. 当前颜色、当前线型、当前线宽

新建对象在当前图层的颜色、线型、线宽取决于当前对象特性的设置。其默认均为【随层】（ByLayer），即新建对象的颜色、线型、线宽与当前图层的设置相同，如图 1.13 所示。

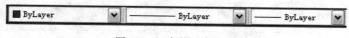

图 1.13　当前对象特性

例如，前述【点画线】层为当前层，将绘制出 0.2mm 宽的红色点画线。

对象特性【随层】的优点在于修改图层设置后，对象特性随之更新。例如，将【点画线】层"红色"改为"蓝色"，则已绘制的点画线自动改为蓝色。

必要时，也可以自定义当前特性，即指定一种特定的颜色、线型和线宽。无论是否更改对象的【随层】特性，新建对象都与图层的设置无关。图 1.14 所示为自定义对象特性，无论以哪个图层为当前层，新建对象都是"0.3mm 宽的蓝色实线"。

图 1.14　自定义对象特性

因此，一般不采用【自定义】特性，推荐使用【随层】（ByLayer）特性，这也是系统的默认设置。

1.5.2　创建样板文件

在完成上述绘图环境的基本设置后，就可以正式开始绘图了。但如果每一次绘图之前都要重复这些设置，则是很烦琐的。另外，一个设计部门内部，每个设计人员都自己来做这个工作，不但效率低，还将导致图纸规范的不统一。

为了按照规范统一设置图形和提高绘图效率，让本单位的图形具有统一规格，如文字样式、标注样式、图层、布局等，必须创建符合自己行业或单位规范的样板文件。在 AutoCAD 中设置的绘图环境可以保存为样板文件，并把自己的样板文件设置为记新建图形的默认样板文件。这样，新建图形中就已经具有了保存在样板文件中的绘图环境。

保存样板文件的方法如下：

（1）单击按钮▲▼→【另存为】💾，弹出【图形另存为】对话框。

（2）在【文件类型】选项列表中选择【AutoCAD 形体样板（＊.dwt）】。

（3）在【保存于】列表中选择保存样板文件，在【文件名】输入文件名。

（4）单击【保存】按钮，完成设置。

样板文件中文件样式、尺寸样式、布局及打印样式是样板文件中的重要部分，其设置方法以上没有提及，将在后续的章节专门介绍。

样板文件创建好后，就可以用图 1.9 所示方法将自己的样板文件设置为新建图形的默认样板文件。

习　题

1. 按尺寸抄绘图 1.15，不标注尺寸，完成后命名并保存。

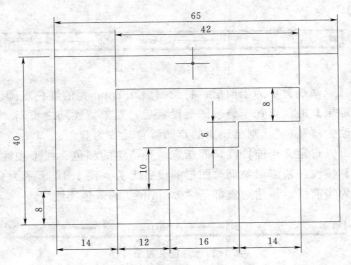

图 1.15　尺寸标注练习

2. 按要求创建如图 1.16 所示层。

图　层	颜色（色号）	线　型	线　宽
细实线	黑/白（7）	Continuous	0.18mm
粗实线	红色（1）	Continuous	0.70mm
虚线	青色（4）	ISO02W100	0.35mm
点画线	品红（6）	Center2	0.18mm
剖面线	蓝色（5）	Continuous	0.18mm
文字尺寸	绿色（3）	Continuous	0.18mm
中实线	紫色（202）	Continuous	0.35mm

图 1.16　图层标注练习

第 2 章

二维图形绘制与编辑

知识目标：

　　绘图是 AutoCAD 的主要功能，也是最基本的功能，而二维平面图形的形状都很简单，创建起来也很容易。它们是整个 AutoCAD 的绘图基础。因此，只有熟悉地掌握二维平面图形的绘制方法和技巧，才能够更好地绘制出复杂的图形。

技能目标：

　　能独立绘制与编辑二维图形；能根据工程实际情况进行工程设计工作。

　　绘制平面图形是建筑设计中最常见的工作，通常二维平面图形的形状都很简单，创建起来也很容易，但却是整个 AutoCAD 2010 的绘图基础。因此，只有熟练地掌握二维平面图形的绘制方法和技巧，才能够更好地绘制出复杂的图形。本章主要详细讲解 AutoCAD 2010 的二维图形绘制与编辑的常用命令。

　　执行 AutoCAD 2010 绘图命令常用的办法是从【绘图】下拉菜单中选择或单击【绘图】工具栏中的相应图标，如图 2.1 所示。

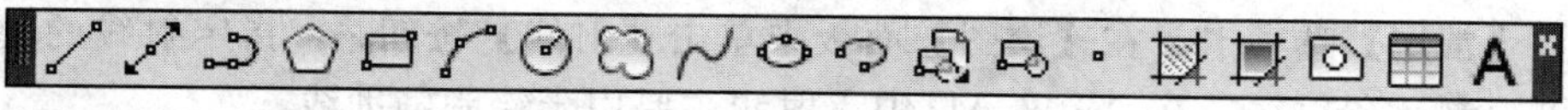

图 2.1　【绘图】工具栏

　　执行 AutoCAD 2010 编辑修改命令常用的办法是从【修改】下拉菜单中选择或单击【修改】工具栏中的相应图标，如图 2.2 所示。

图 2.2　【修改】工具栏

2.1　绘制直线、射线、构造线和多段线

2.1.1　绘制直线

　　直线是各种绘图中最常用、最简单的一类图形对象，只要指定了起点和终点即可绘制一条直线。在 AutoCAD 中，可以用二维坐标 (x, y) 或三维坐标 (x, y, z) 来指定端点，也可以混合使用二维坐标和三维坐标。如果输入二维坐标，AutoCAD 将会用当前的高度作为 z 轴坐标值。

　　在快速访问工具栏中选择【显示菜单栏】命令，在弹出的菜单中选择【绘图】→【直线】命令或在命令行输入：LINE 或 L，或在【功能区】选项板中，选择【常用】选项卡，在【绘图】面板中单击【直线】按钮／，就可以绘制直线。

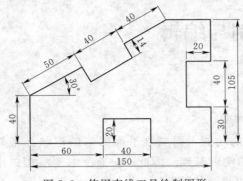

图 2.3 使用直线工具绘制图形

【例 2.1】使用【直线】命令绘制如图 2.3 所示的图形。

（1）在快速访问工具栏选择【显示菜单栏】命令，在弹出的菜单中选择【绘图】→【直线】命令，或在【功能区】选项板中选择【常用】选项卡，在【绘图】面板中单击【直线】按钮／，发出 LINE 命令。

（2）在【指定第一点：】提示行下，在绘图窗口的任意位置单击，指定 A 点的坐标。

（3）依次在【指定下一点或［放弃（U）］：】提示行中输入其他点坐标：（@0，－35）、（@－20，0）、（@0，－40）、（@20，0）、（@0，－30）、（@－50，0）、（@0，20）、（@－40，0）、（@0，－20）、（@－60，0）、（@0，40）、（@50<30）、（@－14<120）、（@40<30）、（@14<120）和（@40<30）。

（4）在【指定下一点或［闭合（C）/放弃（U）］：】提示行输入字母 C，然后按 Enter 键即可得到封闭的图形。

2.1.2　绘制射线

射线为一端固定，另一端无限延伸的直线。在快速访问工具栏中选择【显示菜单栏】命令，在弹出的菜单中选择【绘图】→【射线】命令（RAY），或在【功能区】选项板中，选择【常用】选项卡，在【绘图】面板中单击【射线】按钮／，指定射线的起点和通过点即可绘制一条射线。在 AutoCAD 中，射线主要用于绘制辅助线。

指定射线的起点后，可在【指定通过点：】提示下指定多个通过点，绘制以起点为端点的多条射线，直到按 Esc 键或 Enter 键退出为止。

2.1.3　绘制构造线

构造线为两端可以无限延伸的直线，没有起点和终点。构造线一般用作辅助线。在快速访问工具栏中选择【显示菜单栏】命令，在弹出的菜单中选择【绘图】→【构造线】命令（XLINE），或在【功能区】选项板中，选择【常用】选项卡，在【绘图】面板中单击【构造线】按钮／，都可绘制构造线。

输入命令后，AutoCAD 提示：

指定点或［水平（H）/垂直（V）/角度（A）/二等分（B）/偏移（O）]：

其中，【指定点】选项用于绘制通过指定两点的构造线。【水平】选项用于绘制通过指定点的水平构造线。【垂直】选项用于绘制通过指定点的绘制垂直构造线。【角度】选项用于绘制沿指定方向或与指定直线之间的夹角为指定角度的构造线。【二等分】选项用于绘制平分由指定 3 点所确定的角的构造线。【偏移】选项用于绘制与指定直线平行的构造线。

2.1.4　绘制多段线

多段线是由宽窄相同或不同的直线段和圆弧段组成的线段。由起点到命令结束所画的线段为一个对象，因此它又被称为复合线。

2.1.4.1 绘制多段线

1. 执行途径

（1）在【绘图】工具栏或面板上单击【多段线】图标 。

（2）从【绘图】下拉菜单中选取【多段线】命令。

（3）在命令行输入：【PLINE】或【PL】↙（回车）。

2. 命令操作

执行命令后，命令行提示信息如下：

指定起点：（给起点）

当前线宽为 0.0000（信息行）

指定下一个点或［圆弧（A）闭合（C）/半宽（H）/长度（L）/放弃（U）/宽度（W）］：（给点或选项）

上一行称为直线方式提示行。此时有两种绘制方式：直线方式和圆弧方式。

（1）直线方式提示行各选项含义。

默认选项【指定下一个点】：则该点为直线段的另一端点。命令行继续提示：

指定下一个点或［圆弧（A）/闭合（C）/半宽（H）/长度（L）/放弃（U）/宽度（W）］：

可继续给点画直线或按 Enter 键结束命令（与 Line 命令操作类同，并按当前线宽画直线）。

【C】选项：同 Line 命令的同类选项。

【W】选项：用于改变当前线宽。

输入选项【W】后，命令行提示：

指定起点线宽＜0.0000＞：（给起始线宽）

指定端点线宽＜起点线宽＞：（给端点线宽）

命令行继续提示：

指定下一个点或［圆弧（A）/闭合（C）/半宽（H）/长度（L）/放弃（U）/宽度（W）］：

如起点线宽与端点线宽相同则画等宽线；如起点线宽与端点线宽不同，所画第一条线为不等宽线（如画箭头），后续线段将按端点线宽画等宽线。

【H】选项：该选项用来确定多段线的半宽度，操作过程同【W】。

【U】选项：可以删除多段线中刚画出的那段线。

【L】选项：用于确定多段线的长度，可输入一个数值，按指定长度延长上一条直线。

【A】选项：使 Pline 命令转入画圆弧方式，并给出绘制圆弧的提示。

（2）圆弧方式提示行各选项含义。

［角度（B）/圆心（CE）/闭合（C）/方向（D）/半宽（H）/直线（L）/半径（R）/第二点（S）/放弃（U）/宽度（W）］：（给点或选项）

默认选项：所给点是圆弧的端点。

【A】选项：输入所画圆弧的包含角。

【CE】选项：指定所画圆弧的圆心。

【R】选项：指定所画圆弧的半径。

【S】选项：指定按三点方式画圆弧的第二点。

【D】选项：指定所画圆弧起点的切线方向。

【L】选项：返回画直线方式，出现直线方式提示行。

其他【C】【H】【W】【U】选项与直线方式中的同类选项杆相同。

说明：

1) 用 PLINE 命令画圆弧与 ARC 命令画圆弧思路相同，可根据需要从提示中逐一选项，给足 3 个条件（包括起始点）即可画出一段圆弧。

2) 在执行同一次 PLINE 命令中所画各线段是一个对象。

【例 2.2】用多线段命令绘制河流流向箭头。

选择【多线段】命令，绘制河流流向箭头，如图 2.4 所示，命令行内容如下：

图 2.4　河流
流向箭头

命令：pline

指定起点：（用鼠标单击确定屏幕任一点）

当前线宽为 0.0000

指定下一个点或[圆弧(A)/闭合(C)/半宽(H)/长度(L)/放弃(U)/宽度(W)]：W ↙

指定起点线宽＜0.0000＞：10 ↙

指定端点线宽＜10.0000＞：10 ↙

指定下一个点或[圆弧(A)/闭合(C)/半宽(H)/长度(L)/放弃(U)/宽度(W)]：15 ↙

指定下一个点或[圆弧(A)/闭合(C)/半宽(H)/长度(L)/放弃(U)/宽度(W)]：W ↙

指定起点线宽＜10.0000＞：20 ↙

指定端点线宽＜20.0000＞：0 ↙

指定下一个点或[圆弧(A)/闭合(C)/半宽(H)/长度(L)/放弃(U)/宽度(W)]：10 ↙

2.1.4.2　编辑多线段

在 AutoCAD 2010 中，可以一次编辑一条或多条多段线。

1. 执行途径

(1) 在【修改Ⅱ】工具栏上单击【编辑多段线】按钮，如图 2.5 所示。

图 2.5　【修改Ⅱ】工具栏

(2) 从【修改】下拉菜单中选取【对象】→【多段线】命令。

(3) 命令行输入：【pedit】↙（回车）。

2. 命令操作

调用编辑二维多段线命令后，用鼠标单击要编辑的多段线，命令行出现：

输入选项[闭合(C)/合并(J)/宽度(W)/编辑顶点(E)/拟合(F)/样条曲线(S)/非曲线化(D)/线性生产(L)/反转(R)/放弃(U)]：

选取相应的菜单命令，将得到不同的多段线编辑效果。

2.2　绘制矩形和正多边形

在 AutoCAD 中，矩形及多边形的各边并非单一对象，它们构成一个单独的对象。使用 RECTANGE 命令可以绘制矩形，使用 POLYGON 命令可以绘制多边形。

2.2.1　绘制矩形

根据指定的尺寸或条件绘制矩形。输入命令：RECTANG 或单击【绘图】工具栏上的 □（矩形）按钮，或选择【绘图】下拉菜单中【矩形】命令，即执行 RECTANG 命令，即可绘制出倒角矩形、圆角矩形、有厚度的矩形、有宽度的矩形等多种矩形，如图 2.6 所示。

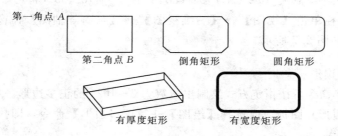

图 2.6　矩形的各种样式

命令操作：

当执行 RECTANG 命令后 AutoCAD 命令行提示信息如下：

指定第一个角点或[倒角(C)/标高(E)/圆角(F)/厚度(T)/宽度(W)]：

其中，【指定第一个角点】选项要求指定矩形的一角点。执行该选项，AutoCAD 提示：

指定另一个角点或[面积(A)/尺寸(D)/旋转(R)]：

此时可通过指定另一角点绘制矩形，通过【面积】选项根据面积绘制矩形，通过【尺寸】选项根据矩形的长和宽绘制矩形，通过【旋转】选项表示绘制按指定角度放置的矩形。

执行 RECTANG 命令时，【倒角】选项表示绘制在各角点处有倒角的矩形。【标高】选项用于确定矩形的绘图高度，即绘图面与 XY 面之间的距离。【圆角】选项确定矩形角点处的圆角半径，使所绘制矩形在各角点处按此半径绘制出圆角。【厚度】选项确定矩形的绘图厚度，使所绘制矩形具有一定的厚度。【宽度】选项确定矩形的线宽。

【例 2.3】绘制一个标高为 10，厚度为 20，圆角半径为 10，大小为 100×80 的矩形，如图 2.7 所示。

（1）在快速访问工具栏中选择【显示菜单栏】命令，在弹出的菜单中选择【绘图】→【矩形】命令，或在【功能区】选项板中选择【常用】选项板，在【绘图】面板中单击【矩形】按钮 □。

（2）指定第一个角点或[倒角(C)/标高(E)/圆角(F)/厚度(T)/宽度(W)]：E↙（创建带标高的矩形）。

（3）指定矩形的标高<0.0000>：10↙。

（4）指定第一个角点或[倒角(C)/标高(E)/圆角(F)/厚度(T)/宽度(W)]：T↙（创建带厚度的矩形）。

（5）指定矩形的厚度<0.0000>：20↙。

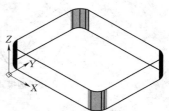

图 2.7　绘制带标高、厚度的圆角矩形

（6）指定第一个角点或[倒角（C）/标高（E）/圆角（F）/厚度（T）/宽度（W）]：F✓（创建圆角矩形）。

（7）指定矩形的圆角半径＜0.0000＞：10✓。

（8）指定第一个角点或[倒角（C）/标高（E）/圆角（F）/厚度（T）/宽度（W）]：0,0（指定矩形第一个角点）。

（9）指定另一个角点或[面积（A）/尺寸（D）/旋转（R）]：100,80（指定矩形的对角点）。

（10）在工具栏单击【视图】→【三维视图】→【东南等轴测】命令，查看绘制好的三维图形，效果如图 2.7 所示。

2.2.2　绘制正多边形

使用正多边形命令可按指定方式绘制出边数为 3～1024 的正多边形。单击【绘图】工具栏上的△（正多边形）图标，或选择【绘图】→【正多边形】命令，即执行 POLYGON 命令，AutoCAD 提示：

输入边的数目 ＜4＞：

指定正多边形的中心点或[边（E）]：

1. 指定正多边形的中心点

此默认选项要求用户确定正多边形的中心点，指定后将利用多边形的假想外接圆或内切圆绘制等边多边形。执行该选项，即确定多边形的中心点后，AutoCAD 提示：

输入选项[内接于圆（I）/外切于圆（C）]：

其中，【内接于圆】选项表示所绘制多边形将内接于假想的圆。【外切于圆】选项表示所绘制多边形将外切于假想的圆。

【例 2.4】绘制内切与半径为 20 的圆的正六边形如图 2.8（a）所示；绘制外切于半径为 20 的圆的正六边形如图 2.8（b）所示。

2. 边

根据多边形某一条边的两个端点绘制多边形。

AutoCAD 提示：

指定正多边形的中心点或[边（E）]：E✓（边长方式）

指定边的第一个端点：（给边上第 1 端点）

指定边的第二个端点：（给边上第 2 端点）

【例 2.5】以 "1" "2" 为端点，距离 20 的正六边形如图 2.8（c）所示。

（a）内接于圆模式　　　　（b）外切于圆模式　　　　（c）边模式

图 2.8　不同方式绘制正多边形

说明：用边长方式画正多边形时，系统按逆时针方向绘制。

2.3 绘制圆、圆环、圆弧、椭圆、椭圆弧

2.3.1 绘制圆

单击【绘图】工具栏上的 按钮，即执行 CIRCLE 命令，AutoCAD 提示：

指定圆的圆心或 [三点(3P)/两点(2P)/相切、相切、半径(T)]

其中，【指定圆的圆心】选项用于根据指定的圆心以及半径或直径绘制圆弧。【三点】选项根据指定的三点绘制圆。【两点】选项根据指定两点绘制圆。【相切、相切、半径】选项用于绘制与已有两对象相切，且半径为给定值的圆。在 AutoCAD 2010 中，可以使用以上 6 种方法绘制圆，如图 2.9 所示。

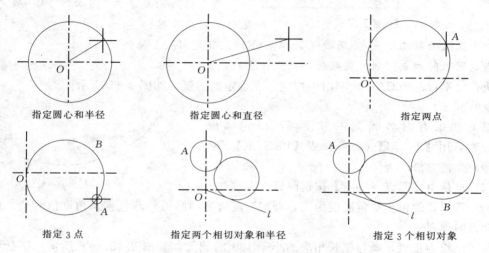

图 2.9 圆的 6 种不同绘制方法

使用【相切、相切、半径】命令时，系统总是在距拾取点最近的部位绘制相切的圆。因此，拾取相切对象时，拾取的位置不同，得到的结果可能也不相同，如图 2.10 所示。

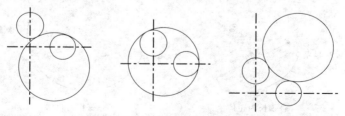

图 2.10 使用【相切、相切、半径】命令绘图的不同效果

2.3.2 绘制圆环

选择【绘图】→【圆环】命令，即执行 DONUT 命令，AutoCAD 提示：

指定圆环的内径:(输入圆环的内径)

指定圆环的外径:(输入圆环的外径)

指定圆环的中心点或 <退出>:(确定圆环的中心点位置,或按 Enter 键或 Space 键结束命令的执行)

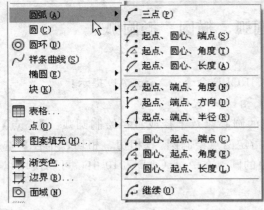

图 2.11　【圆弧】子菜单

2.3.3　绘制圆弧

AutoCAD 提供了多种绘制圆弧的方法，可通过图 2.11 所示的【绘图】→【圆弧】子菜单 11 种方法执行绘制圆弧操作；可以在【绘图】面板中单击【圆弧】按钮 绘制圆弧；也可以在命令行输入：【ARC】或【A】。

【例 2.6】选择【绘图】→【圆弧】→【三点】命令，AutoCAD 提示：

指定圆弧的起点或[圆心(C)]:（确定圆弧的起始点位置）

指定圆弧的第二个点或[圆心(C)/端点(E)]:（确定圆弧上的任一点）

指定圆弧的端点:（确定圆弧的终止点位置）

执行结果：AutoCAD 绘制出由指定三点确定的圆弧，如图 2.12 所示。

说明：

（1）如果有时画圆弧不方便，可以先画成【圆】，然后用【TEIM】（修剪）或【BREAK】（断开）等命令把它修改为圆弧。

图 2.12　三点确定圆弧

（2）总是由【起点→终点】按逆时针方向画弧。

（3）若圆弧的包含角角度值为正，则按逆时针方向画弧；若包含角角度值为负，则按顺时针方向画弧。

（4）弦长为正值，画与弦长相应的小于 180°的圆弧，如图 2.13（a）所示；弦长为负值，画与弦长相应的大于 180°的圆弧，如图 2.13（b）所示。

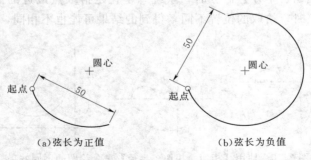

（a）弦长为正值　　　　　（b）弦长为负值

图 2.13　弦长值相同，但输入符号不同所得的圆弧

2.3.4　绘制椭圆

在【绘图】工具栏或面板上单击【椭圆】图标 ；从【绘图】下拉菜单中选取【椭圆】命令；执行 ELLIPSE 命令，AutoCAD 提示：

指定椭圆的轴端点或[圆弧(A)/中心点(C)]:

AutoCAD 2010 提供了 3 种画椭圆的方式。其中，【指定椭圆的轴端点】选项用于根据一轴上的两个端点位置等绘制椭圆，如图 2.14（a）所示；【中心点】选项用于根据指定的椭圆中心点等绘制椭圆，如图 2.14（b）所示；【圆弧】选项用于绘制椭圆弧，如图 2.14（c）所示。

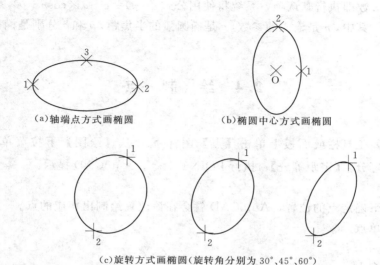

（a）轴端点方式画椭圆 　　　　　（b）椭圆中心方式画椭圆

（c）旋转方式画椭圆（旋转角分别为 30°、45°、60°）

图 2.14　3 种画椭圆的方式

说明：绕长轴旋转角度确定的是椭圆长轴和短轴的比例。旋转角度值越大，长轴和短轴的比值就越大，当旋转角度为 0 时，该命令绘制的图形为圆。

2.3.5　绘制椭圆弧

在 AutoCAD 2010 中，椭圆弧的绘图命令和椭圆的绘图命令都是 ELLIPSE，但命令行的提示不同。

在"绘图"工具栏或面板上单击"椭圆弧"图标；从"绘图"下拉菜单中选取"椭圆"。命令行输入："ellipse" ↙（回车）。

绘制椭圆弧的操作步骤与绘椭圆相同，在完成椭圆绘制的操作之后，AutoCAD 将继续提示：

指定椭圆弧的轴端点或[中心点（C）]:（给第 1 点）

指定轴的另一个端点:（给该轴上第 2 点）

指定另一条半轴长度或[旋转（R）]:（以上步骤与绘制椭圆相同，后面的操作就是确定椭圆形状的过程）

确定椭圆形状后，将出现如下提示信息：

指定起始角度或[参数（P）]:

该命令提示中的选项功能如下：

（1）【指定起始角度】选项：通过给定椭圆弧的起始角度来确定描团弧。命令行将显示【指定终止角度或［参数（P）/包含角度（I）］:】提示信息。其中，选择【指定终止角度】选项，要求给定椭圆弧的终止角，用于确定椭圆弧另一端点的位置；选择【包含角度】选项，使系统根据椭圆弧的包含角来确定椭圆弧。选择【参数（P）】选项，将通过参数确定椭圆弧另一个端点的位置。

（2）【参数（P）】选项：通过指定的参数来确定椭圆弧。命令行将显示【指定起始参数或［角度（A）：】提示。其中，选择【角度】选项，切换到用角度来确定椭圆弧的方式；如果输入参数即执行默认项，系统将使用公式 $P(n)=c+a\times\cos n+b\times\sin n$ 来计算椭圆弧的起始角。其中，n 是输入的参数，c 是椭圆弧的半焦距，a 和 b 分别是椭圆的长半轴与短半轴的轴长。

2.4 绘 制 点

2.4.1 绘制点

在【绘图】工具栏或面板上单击【点】图标 ▪ ；从【绘图】下拉菜单中选取【点】【多点】【定数等分】【定距等分】；执行 POINT 命令，AutoCAD 提示：

指定点：

在该提示下确定点的位置，AutoCAD 就会在该位置绘制出相应的点。

（1）绘制单点。

每次绘制一个点。

（2）绘制多点。

连续绘制点，只能按 Esc 键结束。

输入"point"命令后，提示行提示：

指定点：（指定点的位置，画出一个点）

指定点：（继续画点或按 Esc 键结束命令）

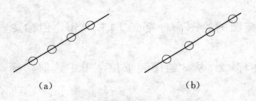

(a)   (b)

图 2.15 定数等分和定距等分点

（4）定距等分。

在指定的对象上按指定的距离放置点。

输入"measure"命令后，提示行提示：

选择要定距等分的对象：（选择图形对象）

输入线段长度或［块（B）］：（给定线段长度）

如图 2.15（b）所示。

（3）定数等分。

在指定的对象上等间隔地放置点。

输入"divide"命令后，提示行提示：

选择要定数等分的对象：（选择图形对象）

输入线段数目或［块（B）］：（输入等分数目）

如图 2.15（a）所示。

2.4.2 设置点的样式与大小

选择【格式】→【点样式】命令，或执行 DDPTYPE 命令，AutoCAD 弹出如图 2.16 所示的【点样式】对话框，用户可通过该对话框选择自己需要的点样式。此外，还可以利用对话框中的"点大小"编辑框确定点的大小。

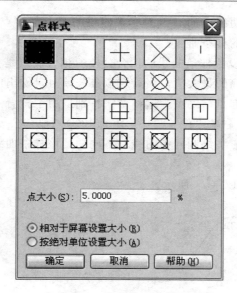

图 2.16 【点样式】对话框

2.5 绘制与编辑样条曲线

样条曲线是一种通过或接近指定点的拟合曲线。在 AutoCAD 中，其类型是非均匀关系基本样条曲线，适于表达具有不规则变化曲率半径的曲线。

2.5.1 绘制样条曲线

在快速访问工具栏中选择【显示菜单栏】命令，在弹出的菜单中选择【绘图】→【样条曲线】命令（SPLINE），或在【功能区】选项板中选择【常用】选项卡，在【绘图】面板中单击【样条曲线】按钮～，即可绘制样条曲线。此时，命令行将显示【指定第一个点或［对象（O）］:】提示信息。当选择【对象（O）】时，可以将多段线编辑得到的二次或者三次拟合样条曲线转换成等价的样条曲线。默认情况下，可以指定样条曲线的起点，然后在指定样条曲线上的另一个点后，系统将显示知下提示信息。

指定下一点或［闭合（C）/拟合公差（F）］＜起点切向＞：

可以通过继续定义样条曲线的控制点创建样条曲线，也可以使用其他选项，其功能如下：

（1）起点切向：在完成控制点的指定后按 Enter 健，要求确定样条曲线在起始点处的切线方向，同时在起点与当前光标点之间出现一根橡皮筋线，表示样条曲线在起点处的切线方向。如果在【指定起点切向:】提示下移动鼠标，样条曲线在起点处的切线方向的橡皮筋线也会随着光标点的移动发生变化，同时样条曲线的形状也发生相应的变化。可在该提示下直接输入表示切线方向的角度值，或者通过移动鼠标的方法来确定样条曲线起点处的切线方向，即单击拾取一点，以样条曲线起点到该点的连线作为起点的切向。当指定了样条曲线在起点处的切线方向后，还需要指定样条曲线终点处的切线方向。

（2）闭合（C）：封闭样条曲线，并显示【指定切向:】提示信息，要求指定样条曲线在起点同时也是终点处的切线方向（因为样条曲线的起点与终点重合）。当确定了切线方向后，即可绘出一条封闭的样条曲线。

（3）拟合公差（F）：设置样条曲线的拟合公差。拟合公差是指实际样条曲线与输入的控制点之间所允许偏移距离的最大值。当给定拟合公差时，绘出的样条曲线不会全部通过各个控制点，但总是通过起点与终点。这种方法特别适用于拟合点比较多的情况。当输入了拟合公差值后，又返回【指定下一点或［闭合（C）/拟合公差（F）］＜起点切向＞:】提示，可根据前面介绍的方法绘制样条曲线，不同的是该样条曲线不再全部通过除起点和终点外的各个控制点。

绘制样条曲线如图 2.17（a）所示。

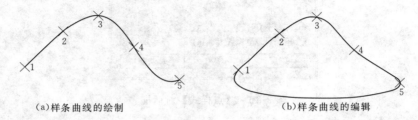

（a）样条曲线的绘制　　　　　　（b）样条曲线的编辑

图 2.17　样条曲线

2.5.2　编辑样条曲线

在快速访问工具栏中选择【显示菜单栏】命令，在弹出的菜单中选择【修改】→【对象】→【样条曲线】命令（SPLINEDIT），或在【功能区】选项板中选择【常用】选项卡，在【修改】面板中单击【编辑样条曲线】按钮 ，就可以编辑选中的样条曲线。样条曲线编辑命令是一个单对象编辑命令，一次只能编辑一条样条曲线对象。执行该命令并选择需要编辑的样条曲线后，在曲线周围将显示控制点，同时命令行显示如下提示信息。

输入选项［拟合数据（F）/闭合（C）/移动顶点（M）/优化（R）/反转（E）/转换为多段线（P）/放弃（U）］:

可以选择某一编辑选项来编辑样条曲线，主要选项的功能如下：

（1）拟合数据（F）：编辑样条曲线所通过的某些控制点。选择该选项后，样条曲线上各控制点的位置均会出现一小方格，且显示如下提示信息。

输入拟合数据选项［添加（A）/闭合（C）/侧除（D）/移动（M）/清理（P）/相切（T）/公差（L）/退出（X）］＜退出＞:

（2）移动顶点（M）：移动样条曲线上的当前控制点。与【拟合数据】选项中的【移动】子选项的含义相同。

（3）优化（R）：对样条曲线的控制点进行细化操作，此时命令行显示如下提示信息：

输入优化选项［添加控制点（A）/提高阶数（E）/权值（W）/退出（X）］＜退出＞:

（4）反转（E）：使样条曲线的方向相反。

（5）转换为多段线（P）：把样条曲线转换为多段线。

图 2.17（b）是样条曲线编辑闭合后的效果。

2.6 绘 制 云 线 、 多 线

2.6.1 绘制云线

【修订云线】命令可以用连续的圆弧组成多段线以构成云形线，用于绘制或将已有的单个封闭对象（如圆、矩形或封闭的样条曲线等）转换成云线。该命令在建筑制图中多用于自由图案的绘制。

在【绘图】工具栏或面板上单击【修订云线】图标；或从【绘图】菜单中选择【修订云线】命令；命令行输入【REVCLOUD】↙。

执行命令后，命令行提示如下：

最小弧长:15 最大弧长:15 样式:普通

指定起点或[弧长(A)/对象(O)/样式(S)]<对象>:

沿云线路径引导十字光标……

反转方向[是(Y)/否(N)]<否>:Y

命令中的各项含义如下：

（1）弧长（A）：指定云线中弧线的长度。系统要求指定最小弧长值与最大弧长值，其中最大弧长值不能大于最小弧长值的 3 倍。

（2）对象（O）：指定要转换为云线的单个封闭对象。

（3）样式（S）：选择云线的样式。

【例 2.7】将图 2.18（a）所示椭圆转换成云线。

（1）在【绘图】工具栏中，单击【修订云线】图标。

（2）单击右键，从右键菜单中选择【对象】命令。

（3）用鼠标单击椭圆，椭圆立即转换为云线，如图 2.18（b）所示。

（4）按 Enter 键，选择不反转圆弧方向，转换云线结束。

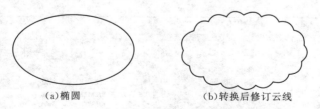

(a)椭圆　　　　　　　　　　(b)转换后修订云线

图 2.18　椭圆转换成修订云线

2.6.2 绘制多线

多线是一种特殊类型的直线实体，它由多条平行直线组成。多线在建筑绘图和工程绘图中十分有用。

1. 设置多线样式

多样的样式的设置可以通过下拉菜单【格式】→【多线样式】，或命令行输入【MLSTYLE】↙。

输入命令后，AutoCAD 2010 弹出如图 2.19 所示的【多线样式】对话框。【多线样式】对话框显示了多线样式名称，从中可以设置当前样式、从文件中加载样式以及保存、

图 2.19　【多线样式】对话框

添加或重命名样式，还可以创建或编辑样式说明。在该对话框中间部位的图形表示当前的多线线型。

图 2.20　【创建新的多线样式】对话框

下面介绍该对话框的内容：

（1）单击【新建】按钮，打开【创建新的多线样式】对话框，如图 2.20 所示。在【新样式名】的文本框中插入光标，输入新样式名称：【墙体】。

（2）单击【继续】按钮，进入【新建多线样式：墙体】对话框，如图 2.21 所示。

图 2.21　【新建多线样式：墙体】对话框

（3）单击【0.5 随层 BLayer】行的任意位置选中该项，在下面的【偏移】框中输入 120 按 Enter；再单击【－0.5 随层 ByLayer】行的任意位置确认输入，同样将【－0.5 随层 ByLayer】行的【偏移】值修改为【－120】。

（4）同时在【说明】文本框中输入必要的文字说明，单击【确定】返回到【多线样式】对话框。此时，新建样式名【建筑墙体】将显示在【样式】文字编辑框中，单击【置为当前】按钮，单击【确定】按钮，AutoCAD 2010 将此【多线样式】保存并设成当前【多线样式】，完成设置。

说明：

（1）在此对话框中可设置平行线的数量、距离、颜色、线型等。在默认情况下，多线由两条平行线组成，颜色为白色，线型为实线。

（2）如果设置多线样式时将定位轴线一并考虑，需要单击【添加】按钮，在元素栏内添加一条线作为轴线，【偏移】距离为"0"，【线型】为【点划线】，【颜色】为【红色】等，以便于在打印图形时将不同颜色的图线以不同线宽打印出来。

2. 绘制多线可以从【绘图】下拉菜单中选取【多线】命令；或在命令行输入：【MLINE】↙（Enter）

执行命令后，命令行提示信息如下：

当前设置：对正＝上，比例＝20，样式＝WQ(信息行)

指定起点或［对正(J)/比例(S)/样式(ST)］:J↙

输入对正类型［上(T)/无(Z)/下(B)］＜上＞:Z↙

指定起点或［对正(J)/比例(S)/样式(ST)］:S↙

输入多线比例＜20＞:I↙

指定起点或［对正(J)/比例(S)/样式(ST)］:（给起点 1）

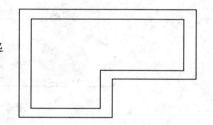

指定下一点:（给第 2 点）

……

指定下一点或［闭合(C)/放弃(U)］:C↙

绘制多线如图 2.22 所示。

图 2.22　绘制多线

各选项的含义如下：

（1）指定起点：执行该选项即输入多线的起点，系统会以当前的多线样式、比例和对正方式绘制多线。

（2）对正（J）：与绘制直线相同，绘制多线也要输入多线的端点，但多线的宽度较大，需要清楚拾取点在多线的哪一条线上，即多线的对正方式。默认为"上（T）"。AutoCAD 2010 提供了 3 种对齐方式供选择，如图 2.23 所示。

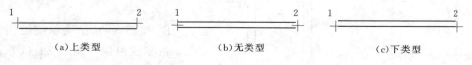

(a)上类型　　　　　(b)无类型　　　　　(c)下类型

图 2.23　多线的对齐方式

选项"T"：顶线对正，拾取点通过多线的顶线。

选项"Z"：零线对正，拾取点通过多线中间那条线，这是实际应用最多的一种对齐方式。

选项"B"：底线对正，拾取点通过多线的底线。

（3）比例（S）：该选项用来确定所绘多线相对于定义（或默认）的多线的比例系数，缺省为"20"。用户可以通过给定不同的比例改变多线的宽度。

（4）样式（ST）：该选项用来确定所绘多线时所选定的多线样式，默认样式为"STAND-ARD"。执行该选项后，根据系统提示，输入设置过的多线样式名称。

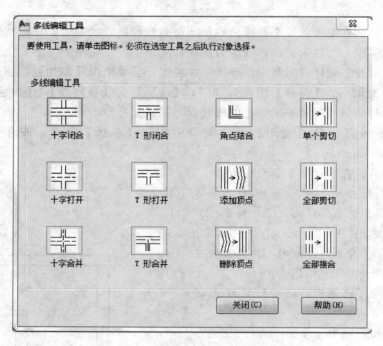

图 2.24　【多线编辑工具】对话框

3. 编辑多线对象

MLEDIT 命令是一个专用于多线对象的编辑命令，选择下拉菜单【修改】→【对象】→【多线】命令，可打开【多线编辑工具】对话框，如图 2.24 所示。该对话框将显示多线编辑工具，并以 4 列显示样例图像。第 1 列控制交叉的多线，第 2 列控制 T 形相交的多线，第 3 列控制角点结合和顶点，第 4 列控制多线中的打断。该对话框中的各个图像按钮形象地说明了编辑多线的方法。

多线编辑时，先选取图中的多线编辑样式，再用鼠标选中要编辑的多线即可。

图 2.25 （a）是编辑前的图形，共由 3 条多线组成。图 2.25 （b）是选中【角点结合】和【T 形打开】方式编辑后的多线样式。

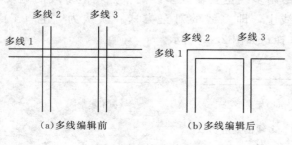

图 2.25　多线编辑

2.7 基 本 编 辑 命 令

AutoCAD 2010 提供的常用编辑功能，包括删除、移动、复制、旋转、缩放、偏移、镜像、阵列、拉伸、修剪、延伸、打断、创建倒角和圆角等。除此之外还有对象的选择及夹点编辑的操作。

2.7.1　选择对象及夹点编辑

在使用编辑和修改命令对图形进行操作时，首先要明确选择对象。AutoCAD 2010 中选择对象的方法有多种，常用的有单选、多选和全部选择。

2.7.1.1　选择对象的方法

1. 点选

点选是一种直接选取对象的方法，一般用于单个对象的选择，或选择若于重叠对象中的某几个对象。

当命令行出现提示【选择对象】时，默认情况下，可以用鼠标逐个单击对象来直接选择，此时十字光标表现为一个小方框（即拾取框）。选择时，拾取框必须与对象上的某一部分接触。例如，要选择圆，需要在圆周上单击，而不是在圆的内部某位置单击，被选定的对象将高亮显示。

这种方法方便直观，但精确程度不高，尤其在对象排列比较密集的地方，往往容易选错或多选。当选错或多选时可以按下 Ctrl 键并依次单击这些对象，直到所需对象亮显为止。

若要取消多个选择对象中的某一个对象，只需按下 Shift 键，并单击要取消选择的对象即可。

2. 矩形框选

框选是利用选择窗门进行对象选择的一种方式。利用这种方法一次可以选择多个对象，选择效率较高。

当命令行出现提示【选择对象】时，通过鼠标左键拖动指定对角点定义一个矩形选择区域，选择包含于该矩形方框范围内的对象。矩形框选方式有两种，分别是矩形【窗口】方式和矩形【窗交】方式，如下：

（1）矩形【窗口】方式。从左向右选择（此时矩形框为蓝色），只有完全包含在矩形方框中的对象才会被选中，如图 2.26 所示。

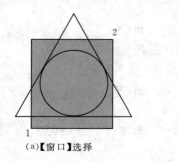
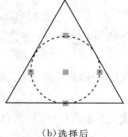

(a)【窗口】选择　　　　　　　　　　　(b)选择后

图 2.26　矩形【窗口】方式选择对象

（2）矩形【窗交】方式。从右向左选择（此时矩形框为绿色），包含在矩形方框内以及与矩形方框相交的所有对象都将被选中，如图 2.27 所示。

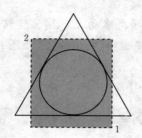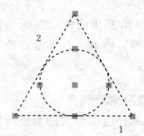

图 2.27　矩形【窗交】方式选择对象

3．多边形框选

多边形框选是以指定若干边界点的方式定义一个多边形选择区域，选择包含于该多边形范围内的对象，多边形框选方式有两种，分别是多边形【窗口】方式和多边形【窗交】方式，如下：

（1）多边形【窗口】方式当命令行出现提示【选择对象】时，输入 WP 并按 Enter键，即可指定多边形的边界点，此时多边形边界显示为实线边界。只有完全包含在该多边形窗口内的对象才能被选中。

（2）多边形【窗交】方式。当命令行出现提示【选择对象】时，输入 CP 并按 Enter键，即可指定多边形的边界点，此时多边形边界显示为虚线边界。包含在多边形窗口内及与多边形窗口相交的所有对象都能被选中。

4．全部选择对象

当命令行出现提示【选择对象】时，输入 All 并按 Enter 键，即可全部选中对象。

2.7.1.2　夹点编辑

在不输入任何命令的状态下，直接选择对象，则被选择对象呈虚线状态，同时虚线上出现小方块，这些小方块被称为夹点。AutoCAD 2010 的夹点功能是一种非常灵活的编辑功能，利用它可以实现对象的拉伸、移动、旋转、镜像、缩放、复制操作。

直接选择对象后，被拾取的对象上首先将显示蓝色夹点标记，称为"冷夹点"，如果再次单击对象上某个冷夹点则其会变为红色，称为"暖夹点"。

当出现"暖夹点"时，命令行就会出现提示：

＊＊拉伸＊＊

指定拉伸点或［基点(B)/复制(C)/放弃(U)/退出(X)］：

在这个提示下连续回车或按空格，提示依次循环显示：

＊＊移动＊＊

指定移动点或［基点(B)/复制(C)/放弃(U)/退出(X)］：

＊＊旋转＊＊

指定旋转角度或［基点(B)/复制(C)/放弃(U)/参照(R)/退出(X)］：

＊＊比例缩放＊＊

指定比例因子或［［基点(B)/复制(C)/放弃(U)/参照(R)/退出(X)］：

＊＊镜像＊＊

指定第二点或［基点(B)/复制(C)/放弃(U)/退出(X)］：

通常情况下用户可利用夹点快速实现对象的拉伸、移动和旋转。如图2.28所示，利用夹点功能快速实现拉伸。

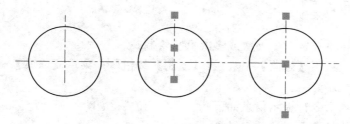

图2.28 利用夹点快速实现拉伸

2.7.2 偏移、复制和移动

在绘图过程中经常使用偏移、复制和移动等命令对图形进行必要的编辑和修改。

1. 偏移

偏移命令是对已有对象进行平行（如线段）或同心（如圆）复制。

命令的操作可采用【修改】工具栏：【偏移】按钮 ；菜单：【修改】→【偏移】；或在命令行输入：OFFSET ✓。

执行命令后，命令行提示信息如下：

当前设置:删除源＝否 图层＝源 OFFSRTGAPTYPE＝0

指定偏移距离或［通过(T)/删除(E)/图层(L)］＜通过＞:(输入偏移量,可以直接输入一个数值或通过两点的距离来确定偏移量)

选择要偏移的对象,或［退出(E)/放弃(U)］＜退出＞:✓

指定要偏移的那一侧上的点,或［退出(E)/多个(M)/放弃(U)］＜退出＞:(确定偏移后的对象位于原对象的哪一侧,单击即可)

说明：偏移命令与其他编辑命令有所不同，只能采用直接拾取的方式一次选择一个对象进行偏移，不能偏移点、图块、属性和文本。

【例2.8】将直线按指定距离偏移复制，如图2.29所示。

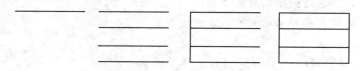

图2.29 移动复制图形

（1）画一条长为100个单位的直线。

（2）执行【偏移】命令。

（3）在【指定偏移的距离或［通过（T）/删除（E）/图层（L）］＜通过＞:】提示下，输入偏移距离20。

（4）选择要偏移的线段。

（5）在原线段下方单击。

（6）再次选择偏移对象（刚偏移的这条直线），并在该线段下方单击（重复偏移两次）。

（7）连接第一条线段与最后一条线段的左端点。

（8）用【指定偏移距离】方式（单击线段的左、右两端点）偏移这条竖直线段到原线段右边，完成作图。

2. 复制

复制命令是指将选定对象一次或多次重复绘制。

复制执行途径采用【修改】工具栏：【复制】按钮 ；菜单【修改】→【复制】；或命令行输入：COPY↙。

执行命令后，命令行提示信息如下：

选择对象：（选择要复制的图形对象）

选择对象：（按↙键）

当前设置：复制模式＝多个

指定基点或［位移（D）/模式（O）］＜位移＞：（指定基点）

指定第二个点或＜使用第一个点作为位移＞：（指定复制的基点）

指定第二个点或［退出（E）/放弃（U）］＜退出＞：（指定复制的目标点）

【例 2.9】复制图形，将图 2.30（a）左上角的圆复制到正方形其他三个目标点上。

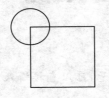

（a）复制前　　　　（b）复制后

图 2.30　复制图形

（1）执行【复制】命令。

（2）在【选择对象】提示下，选择圆。

（3）在【指定基点或位移】提示下，选取圆心为复制基点。

（4）在【指定第二点】提示下，确定其余三个目标点为复制图形的圆心终点位置。

复制后如图 2.30（b）所示。

3. 移动

移动命令是将图形从当前位置移动到指定位置，但不改变图形的方向和大小。

移动命令执行途径采用【修改】工具栏【移动】按钮 ；菜单【修改】→【移动】；或在命令行输入 MOVE↙。

执行命令后，命令行提示信息如下：

选择对象：（选择需要移动的对象）

选择对象：（按↙键）

指定基点或［位移（D）］＜位移＞：（指定移动的基点）

指定第二个点或＜使用第一个点作为位移＞：（指定移动的目标点）

其中：

指定基点：可通过目标捕捉选择特征点。

位移（D）：确定移动终点，可输入相对坐标或通过目标捕捉来准确定位终点位置。

【例 2.10】将图 2.31（a）矩形中的圆形移动到矩形

（a）移动前　　　　（b）移动后

图 2.31　移动图形

的左上角，如图 2.31 （b） 所示。

（1）执行【移动】命令。

（2）在【选择对象】提示下，选择圆。

（3）在【指定基点或位移】提示下，捕捉圆心为移动的基点。

（4）在【指定第二个点或＜使用第一个点作为位移＞】提示下，单击圆心并移动到矩形左上角点后按 Enter 键即可。

2.7.3 修剪、镜像、阵列和旋转

1. 修剪

使用修剪命令可以将指定边界外的对象修剪掉。

修剪命令执行途径采用【修改】工具栏【修剪】按钮 ⊹ ；菜单【修改】→【修剪】；或在命令行输入 TRIM↙。

执行命令后，命令行提示信息如下：

当前设置：投影＝UCS，边＝无

选择剪切边…：（修剪必须在两条线相交的情况下使用）

选择对象或＜全部选择＞：（选择指定的边界）

选择对象：（按↙键）

选择要修剪的对象，或按住 Shift 键选择要延伸的对象，或［栏选（F）/窗交（C）/投影（P）/边（E）/删除（R）/放弃（U）］：（选择要修剪的对象）

其中：

全部选择：使用该选项将选择所有可见图形对象作为剪切边界。

栏选（F）：选择与选择栏相交的所有对象。

窗交（C）：以右框选的方式选择要剪切的对象。

投影（P）：指定剪切对象时使用的投影方式，在三维绘图时才会用到该选项。

边（E）：确定是在另一对象的隐含边处修剪对象，还是仅修剪到三维空间中与其实际相交的对象处，在三维绘图时才会用到该选项。

删除（R）：从已选择的图形对象中删除某个对象。此选项提供了一种用来删除不需要的对象的简便方式，而无需退出 Trim 命令。

放弃（U）：取消上一次的修剪操作。

【例 2.11】用修剪命令完成对图 2.32 （a） 的修剪。

2. 镜像

镜像命令是指在复制对象的同时将其沿指定的镜像线进行翻转处理。如在绘制对称的图形时，则只需要绘制其中一侧，另一侧即可通过镜像命令获得。

镜像命令执行途径采用【修改】工具栏【镜像】按钮 ⚏ ；菜单【修改】→【镜像】；或在命令行输入 MIRROR↙。

执行命令后，命令行提示信息如下：

选择对象：（选择需要镜像的图形对象）

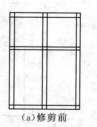
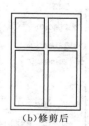

（a）修剪前　　　　　　（b）修剪后

图 2.32　修剪图形

选择对象：（按↙键）

指定镜像线的第一点：（确定镜像线的起点位置）

指定镜像线的第二点：（确定镜像线的终点位置）

要删除源对象吗？［是（Y）/否（N）］<N>：（选择是否保留原有的图形对象）

修剪后如图 2.32（b）所示。

【例 2.12】使用镜像命令复制图形，如图 2.33 所示，镜像前如图 2.33（a）所示。

（1）执行【镜像】命令。

（2）在【选择对象】提示下，选择要镜像的图形。

（3）在【指定镜像线的第一点】提示下，单击直线上端点 A。

（4）在【指定镜像线的第二点】提示下，单击直线下端点 B。

（5）在【要删除源对象吗？】提示下，选择 Y 得到如图 2.33（b）所示的图形，选择 N 得到如图 2.33（c）所示图形。

（a）镜像前　　　　　（b）镜像后（选 Y）　　　　　（c）镜像后（选 N）

图 2.33　镜像复制图形

3. 阵列

使用阵列命令可以快速复制出于已有图形相同，且按一定规律分布的多个图形对象。阵列命令包括矩形阵列和环形阵列两种方式。

阵列命令执行途径采用【修改】工具栏【阵列】按钮▦；菜单【修改】→【阵列】；或在命令行输入 ARRAY↙。

执行命令后，打开【阵列】对话框，如图 2.34 所示。

（1）矩阵阵列步骤。

图 2.34　【阵列】对话框

1）在对话框中，选中【矩形阵列】单选按钮，以矩形阵列方式复制对象。

2）单击【选择对象】按钮，将临时退出对话框，回到作图区域，用户可以选择要矩形阵列的图形，确定后按 Enter 键或单击右键，将返回对话框，此时在【选择对象】按钮的下方将显示选中目标的个数。

3）在【行数】文本框中输入矩形阵列的行数。

4）在【列数】文本框中输入矩形阵列的列数。

5）在【偏移距离和方向】选项区域中既可以输入距离和阵列角度，也可以用鼠标单击选取。

说明：行偏移和列偏移有正负之分。行偏移为正值时，向上阵列；行偏移为负值时，向下阵列。列偏移为正时，向右阵列；列偏移为负时，向左阵列。

（2）环形阵列步骤。

1）在【陈列】对话框中选中【环形阵列】单选按钮，如图 2.35 所示。

2）单击【选择对象】按钮，将临时退出对话框，回到作图区域，用户可以选择要环形阵列的图形，确定后按↙键或单击右键，返回对话框，在对话框【选择对象】按钮下方将显示选中目标的个数。

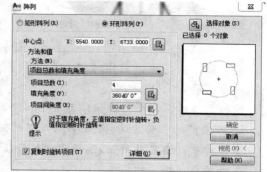

图 2.35 【环形阵列】选项

3）中心点：选择环形阵列的中心。需选择旋转中心，选物体本身中心无效。

4）在【方法和值】选项区域中，【项目总数】为需要阵列的数目，还需输入环形阵列的角度。

说明：环形阵列时，若输入的角度为正值，则沿逆时针方向旋转，反之沿顺时针方向旋转。环形阵列的复制个数也包括原始图形对象在内。

【例 2.13】用阵列命令将如图 2.36（a）所示的图形矩形阵列 2 行、3 列。

（1）执行【阵列】命令，打开【阵列】对话框。

（2）选中【矩形阵列】单选按钮。

（3）选择矩形对象，按↙键或单击右键确定。

（4）输入 2 行 3 列。

（5）行偏移：100；列偏移：150。

（6）阵列角度：0。

（7）单击"确定"按钮完成操作，得到如图 2.36（b）所示的图形。

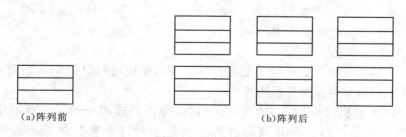

（a)阵列前　　　　　　　　　　　（b)阵列后

图 2.36 矩阵阵列

【例 2.14】用环形阵列命令将圆阵列 5 个，如图 2.37（a）所示。

（1）执行【阵列】命令。

（2）在【阵列】对话框中选中【环形阵列】单选按钮。

（3）选择对象：选择小圆和轴线，按↙键或单击右键确定。

（4）选择中心点：选择大圆的圆心。

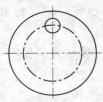
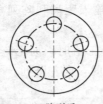

(a)阵列前　　　　　　　(b)阵列后

图2.37　环形阵列

（5）项目总数：5。

（6）填充角度：360°。

（7）单击【确定】按钮完成操作，修改轴线的长度后如图2.37（b）所示。

4. 旋转

旋转命令可以使图形围绕指定的点进行旋转。

旋转命令执行途径采用【修改】工具栏【旋转】按钮○；菜单【修改】→【旋转】；或在命令行输入 ROTATE↙。

执行命令后，命令行提示信息如下：

UCS 当前的正角方向：ANGDIR＝逆时针　ANGBASE＝0

选择对象：(指定对角点，选择需要旋转操作的对象)

选择对象：(按↙键)

选择基点：(选择旋转基点)

指定旋转角度，或［复制(C)/参照(R)］<0>：(指定旋转角度)

其中：

复制（C）：可在旋转图形的同时，对图形进行复制操作。

参照（R）：以参照方式旋转图形，需要依次指定参照方向的角度值和相对于参照方向的角度值。

说明：旋转角度有正、负之分，若输入的角度是正值，则图形旋转的方向是逆时针，反之则是顺时针。

【例2.15】 对图2.38（a）所示的图形进行旋转处理。

（1）执行【旋转】命令。

（2）在【选择对象】提示下，选择左边的旋转基点 A。

（3）在【指定旋转角度】提示下，输入30°得到如图 2.38（b）所示的图形，输入－30°得到如图2.38（c）所示的图形。

(a)未旋转前　(b)旋转角度30°　(c)旋转角度－30°

图2.38　旋转图形

说明：

（1）有些图形编辑命令如删除、复制、移动等，在使用时可以先选择对象再执行命令，也可以先执行命令再根据提示选择对象。

（2）使用图形编辑命令时，有时会由于错误操作修改或编辑了一些有用的图形对象，如果想回到之前，可以使用【标准】工具栏中的【放弃】命令↩，恢复前面的操作。

2.7.4　缩放、拉伸、拉长和延伸

1. 缩放

使用缩放命令可以改变所选一个或多个对象的大小，即在 X、Y 和 Z 方向上等比例放大或缩小对象。

缩放命令执行途径采用【修改】工具栏【缩放】按钮；菜单【修改】→【缩放】；或在命令行输入 SCALE ↙。

执行命令后，命令行提示信息如下：

选择对象：（选择要缩放的对象）

选择对象：（按↙键）

选择基点：（指定缩放基点）

指定比例因子或［复制（C）/参照（R）］＜1.0000＞：

若直接给出比例因子，即为缩放倍数；如果输入 C 进行复制，则首先复制图形，然后再缩放；如果输入 R 参照选项，则需要依次输入或指定参照长度的值和新的长度值，系统根据【参照长度与新长度的比值】自动计算比例因子来缩放对象。

说明：比例因子大于 1 时，图形放大；比例因子小于 1 时，图形缩小。

【例 2.16】用缩放命令的参照方式绘制图 2.39（b）所示的图形。

（1）执行【矩形】命令。

（2）绘制矩形（长度任意，但长短边比例为 2：1）。

（3）用两点方式绘制圆。

（4）执行【缩放】命令，选择要缩放的对象并指定圆心为基点。

（5）在【指定比例因子或［复制（C）/参照（R）］】提示下，输入 R。

（6）在【指定参照长度】提示下，用鼠标点取 A 和 B。

（7）在【指定新的长度或［点（P）］】提示下，输入 50。

（8）完成操作，得到如图 2.39（b）所示图形。

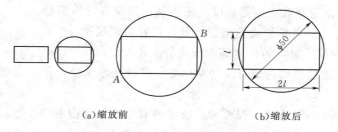

(a)缩放前　　　　　　　　(b)缩放后

图 2.39　图的缩放

2. 拉伸

使用拉伸命令可以将建筑图形按指定的方向和角度进行拉长和缩短。在选择拉伸对象时，必须用矩形或多边形窗交方式选择需要拉长和缩短的对象。

拉伸命令执行途径采用【修改】工具栏【拉伸】按钮；菜单【修改】→【拉伸】；或在命令行输入 STRETCH ↙。

执行命令后，命令行提示信息如下：

以交叉窗口或交叉多边形选择要拉伸的对象…

选择对象：（以窗交方式选择对象）

选择对象：（按↙键）

指定基点或［位移（D）］＜位移＞：（选择拉伸的基点）

指定第二个点或＜使用第一个点作为位移＞：（鼠标单击定位或输入拉伸位移点坐标）

【例 2.17】用拉伸命令将图 2.40（a）向左拉伸 30 个单位，如图 2.40（b）所示。

（1）执行【拉伸】命令。

（2）在【选择对象】提示下，以窗交方式选择图 2.40（a）。

（3）在【指定基点或［位移（D）］＜位移＞】提示下，指定 1 点。

（4）在【指定第二个点或＜使用第一个点作为位移＞】提示下，鼠标向左移输入 30。

（5）完成操作，得如图 2.40 所示图形。

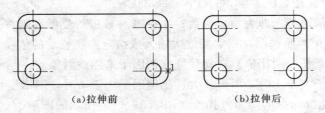

(a)拉伸前　　　　　　　　(b)拉伸后

图 2.40　图形的拉伸

3. 拉长

使用拉长命令可以拉长或缩短直线类型的图形对象，也可以改变圆弧的圆心角。在执行该命令选择对象时，只能用直接点取的方式，且一次只能选择一个对象。

拉长命令执行途径采用菜单【修改】→【拉长】；或在命令行输入 LENGTHEN✓。

执行命令后，命令行提示信息如下：

选择对象或［增量（DE）/百分数（P）/全部（T）/动态（DY）］：

其中：

增量（DE）：指定修改对象的长度，距离从最近端点开始测量。

百分数（P）：按照对象长度的指定百分数设置对象长度。

全部（T）：拉长后对象的长度等于指定的总长度。

动态（DY）：通过拖动选定对象的端点之一来改变原长度，其他端点保持不变。

4. 延伸

使用延伸命令可以将直线、圆弧和多段线等对象延伸到指定的边界。

延伸命令执行途径采用【修改】工具栏【延伸】按钮 ⊸⁄；菜单【修改】→【延伸】；或在命令行输入 EXTEND✓。

执行命令后，命令行提示信息如下：

当前设置：投影＝UCS,边＝无

选择边界的边…:（选择延伸边界,按✓键结束选择）

选择对象或＜全部选择＞:（找到 1 个）

选择对象:（按✓键）

选择要延伸的对象,或按住 Shift 键选择要修剪的对象,或［栏选（F）/窗交（C）/投影（P）/边（E）/放弃（U）］:（选择需要延伸的对象,按✓键结束选择）

其中：

栏选（F）：选择与选择栏相交的所有对象。

窗交（C）：以右框选的方式选择延伸的对象。

投影（P）：指定延伸对象时使用的投影方式，在三维绘图时才会用到该选项。

边（E）：将对象延伸到另一个对象的隐含边，或仅延伸到三维空间中与其实际相交的对象处，在三维绘图时才会用到该选项。

放弃（U）：取消上一次的延伸操作。

【例2.18】用延伸命令将直线向下延伸到边界，如图2.41所示。

（1）执行【延伸】命令。

（2）在【选择边界的边…】提示下，选择下边的直线，按↙键结束选择。

（3）在【选择要延伸的对象】提示下，选取要延伸的直线的下端点。

（4）完成操作，如图2.41（b）所示。

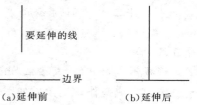

图2.41 延伸图形

2.7.5 倒角、圆角、打断、合并和分解

1. 倒角

使用【倒角】命令可以为两条不平行的直线或多段线作出指定的倒角。

【倒角】命令执行途径采用【修改】工具栏【倒角】按钮 ；菜单【修改】→【倒角】；或在命令行输入CHAMFER↙。

执行命令后，命令行提示信息如下：

（"修剪"模式）当前倒角距离1＝0.0000,距离2＝0.0000

选择第一条直线或［放弃（U）/多段线（P）/距离（D）/角度（A）/修剪（T）/方式（E）/多个（M）］:D↙

指定第一个倒角距离＜0.0000＞:2↙（输入第一个倒角的距离）

指定第二个倒角距离＜2.0000＞:（输入第二个倒角的距离。如果直接按↙键，表示第二个倒角即离为默认的2）

选择第一条直线或［放弃（U）/多段线（P）/距离（D）/角度（A）/修剪（T）/方式（E）/多个（M）］:（单击要倒角的第一条直线）

选择第二条直线,或按住Shift键选择要应用角点的直线:（单击要倒角的第二条直线）

其中：

放弃（U）：放弃刚才所进行的操作。

多段线（P）：以当前设置的倒角大小对多段线的各顶点（交角）修倒角。

距离（D）：设置倒角时的距离。

角度（A）：设置倒角的角度。

修剪（T）：确定倒角后是否保留原边。其中，选择【修剪（T）】，表示倒角后对倒角边进行修剪；选择【不修剪（N）】，表示不进行修剪。

方式（E）：确定倒角方式。

多个（M）：在不结束命令的情况下对多个对象进行操作。

【例2.19】用倒角命令倒出水平距离为4、垂直距离为8的斜角，如图2.42所示。

（1）执行【倒角】命令。

（2）设置如下：

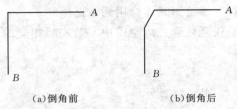

(a)倒角前　　　　　(b)倒角后

图 2.42　对图形倒角

当前倒角距离 1＝0.0000,距离 2＝0.0000。

选择第一条直线或[放弃(U)/多段线(P)/距离(D)/角度(A)/修剪(T)/方式(E)/多个(M)]:D↙

指定第一个倒角距离＜0.0000＞:4↙

指定第二个倒角距离＜2.0000＞:8↙

选择第一条直线或[放弃(U)/多段线(P)/距离(D)/角度(A)/修剪(T)/方式(E)/多个(M)]:(选择直线 A)

选择第二条直线,或按住 Shift 键选择要应用角点的直线:(选择直线 B)

(3) 完成操作,倒角后如图 2.42 (b) 所示。

2. 圆角

使用【圆角】命令可以将两个线性对象用圆弧连接起来。

【圆角】命令执行途径采用【修改】工具栏【圆角】按钮 ◻ ；菜单【修改】→【圆角】；或在命令行输入 FILLET ↙。

执行命令后,命令行提示信息如下:

当前设置:模式＝修剪,半径＝0.0000

选择第一个对象或[放弃(U)/多段线(P)/半径(R)/修剪(T)/多个(M)]:(选择要进行圆角操作的第一个对象)

选择第二个对象,或按住 Shift 键选择要应用角点的对象:(选择要进行圆角操作的第二个对象)

其中:

放弃 (U):撤销上一次的圆角操作。

多段线 (P):以当前设置的圆角半径对多段线的各顶点(交角)加圆角。

半径 (R):按照指定半径把已知对象光滑地连接起来。

修剪 (T):设置圆角后是否保留原拐角边。选择【修剪 (T)】,表示加圆角后不保留对象,对圆角边进行修剪;选择【不修剪 (N)】,表示保留原对象,不进行修剪。

多个 (M):在不结束命令的情况下对多个对象进行操作。

【例 2.20】用【圆角】命令倒出半径为 8 的圆角,如图 2.43 所示。

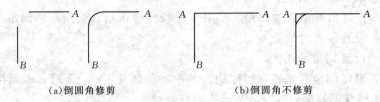

(a)倒圆角修剪　　　　　(b)倒圆角不修剪

图 2.43　对图形倒圆角

(1) 执行【圆角】命令。

(2) 圆角修剪设置如下:

当前设置:模式＝修剪,半径＝0.0000

选择第一个对象或[放弃(U)/多段线(P)/半径(R)/修剪(T)/多个(M)]R↙

指定圆角半径＜0.0000＞:8✓

选择第一个对象或［放弃(U)/多段线(P)/半径(R)/修剪(T)/多个(M)］(选直线 A)

选择第二个对象,或按住 Shift 键选择要应用角点的对象:(选直线 B)

（3）圆角不修业设置如下：

当前设置:模式＝修剪,半径＝8.0000

选择第一个对象或［放弃(U)/多段线(P)/半径(R)/修剪(T)/多个(M)］:T✓

输入修剪模式选项［修剪(T)/不修剪(N)］＜修剪＞:N✓

选择第一个对象或［放弃(U)/多段线(P)/半径(R)/修剪(T)/多个(M)］(选直线 A)

选择第二个对象,或按住 Shift 键选择要应用角点的对象:(选直线 B)

（4）完成操作。

3. 打断

使用【打断】命令可以将直线、多段线、射线、样条曲线、圆和圆弧等图形分成两个对象或删除对象中的一部分。

【打断】命令执行途径采用【修改】工具栏【打断】按钮□；菜单【修改】→【打断】；或在命令行输入 BREAK ✓。

执行命令后，命令行提示信息如下：

选择对象:(点取要断开的对象)

指定第二个打断点或［第一点(F)］:(直接点取所选对象上的一点,则 CAD 将选择对象时的点取作第一点,该输入点为第二点。如输入 F 则重新定义第一点)

说明：

（1）如果断开的对象是圆，则 AutoCAD 2010 将按逆时针方向删除圆上第一个打断点到第二个打断点之间的部分，从而将圆转换成圆弧。

（2）使用【打断于点】按钮□ 时，可以将图形打断于一点，打断后的图形从表面上看并未断开。

【例 2.21】使用【打断】命令修改图 2.44 （a），打断后如图 2.44 （b）所示。

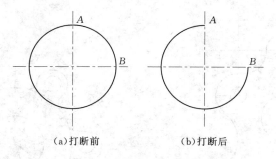

(a)打断前　　　　　　(b)打断后

图 2.44　【打断】命令修改图形

（1）执行【打断】命令。

（2）将圆转换成圆弧，操作如下：

选择对象:(选择圆)

指定第二个打断点或［第一点(F)］:F✓

指定第一个打断点：(选点 B)

指定第二个打断点：(选点 A)

4. 合并

使用合并命令可以将对象合并，以形成一个完整的对象。

合并命令执行途径采用【修改】工具栏【合并】按钮 ➤➤；菜单【修改】→【合并】；或在命令行输入 JOIN ↙。

执行命令后，命令行提示信息如下：

选择源对象：(可以是直线、开放的多段线、圆弧、椭圆弧或开放的样条曲线，选择受支持的对象)

选择要合并到源的对象：找到 1 个

选择要合并到源的对象：(按 ↙ 键)

1 条线段已添加到多段线

5. 分解

使用分解命令可以将由多个对象组合的图形（如多段线、矩形、多边形和图块等）进行分解。

分解命令执行途径采用【修改】工具栏【分解】按钮 ➤；菜单【修改】→【分解】；或在命令行输入 EXPLODE ↙。

执行命令后，命令行提示信息如下：

选择对象：(选择要分解的对象)

选择对象：(按 ↙ 键)

说明：分解命令可将多线段、矩形、正多边形、图块、剖面线、尺寸、多行文字等包含多项内容的一个对象分解成若干个独立的对象。当只需编辑这些对象中的一部分时，可先选择该命令分解对象。

习　　题

1. 按尺寸绘制图 2.45 和图 2.46，并命名保存。

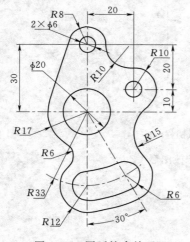

图 2.45　圆弧综合练习

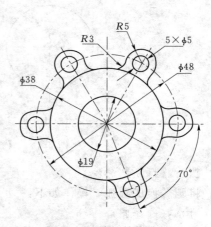

图 2.46　阵列综合练习

2. 按尺寸绘制图 2.47 所示房屋建筑图楼梯立面图，并命名保存。

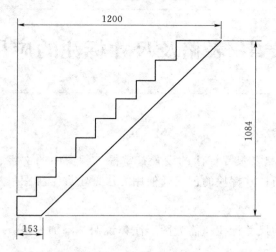

图 2.47 楼梯立面图

3. 按尺寸绘制图 2.48 所示水闸剖面图，并命名保存。

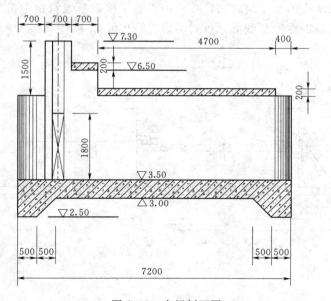

图 2.48 水闸剖面图

第 3 章

文字/表格及尺寸标注的应用

知识目标：

了解 CAD 文字表格及尺寸标注的设置；掌握工程图中的文字、表格编辑方法；掌握尺寸标注的方法及技巧；掌握块的创建及使用方法；掌握工程图尺寸标注规范。

技能目标：

能正确完成图形的尺寸标注；能为图形注释说明，添加表格。

3.1 斗门的绘制及尺寸标注

斗门是一种低水头的水工建筑物，在农田水利工程渠系建筑物中常见。图 3.1 是某斗门的纵剖图，根据纵剖图绘制图形，再对图形进行尺寸标注。

纵剖面图 1：75

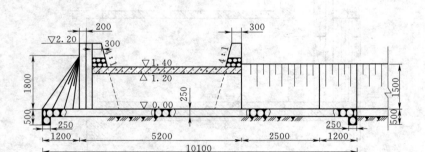

图 3.1 某斗门的纵剖图

3.1.1 案例分析

该建筑图线组成比较简单，根据前面学过的知识就可绘出图形。该图的难点在于如何正确的对图形进行尺寸标注，要求标注符合工程规范，不缺漏、不重复，没有错误。

3.1.2 实施步骤

3.1.2.1 基本图线的绘制

根据前面几章学过的知识，设置图层，用粗实线绘制轮廓。经分析，该建筑图线基本由直线组成，比较简单，绘图过程省略。斗门基本轮廓如图 3.2 所示。

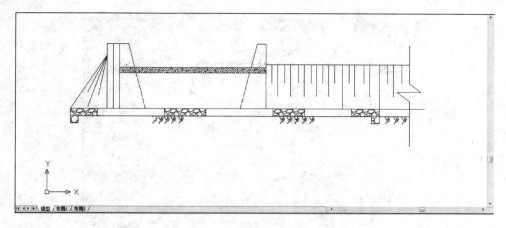

图 3.2　斗门基本轮廓

3.1.2.2　文字格式的设置

添加文字前，应先对文字格式进行设置，具体步骤如下：

命令:【格式】→【文字样式】。

【文字样式】对话框如图 3.3 所示。

图 3.3　【文字样式】对话框

选择字体，设置:【宽度因子】:0.7

3.1.2.3　尺寸标注的设置

添加文字前，应先对文字格式进行设置，具体步骤如下：

命令:【格式】→【标注样式】。

【标注样式管理器】对话框如图 3.4 所示。

选择:【新建】→【命名新标注样式:斗门标注】→【继续】。

【线】对话框如图 3.5 所示。

设置:【基线间距】:7。

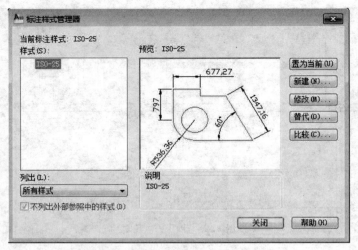

图 3.4 【标注样式管理器】对话框

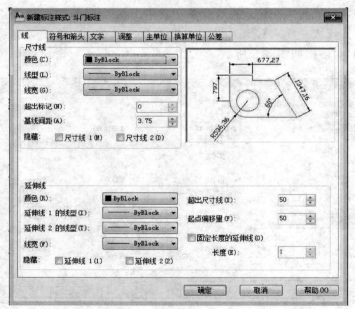

图 3.5 【线】对话框

【超出尺寸线】:2.5。

【起点偏移量】:3。

选择:【符号和箭头】,如图 3.6 所示。

设置:【箭头大小】:2.5。

【文字】对话框如图 3.7 所示。

设置:【文字高度】:3。

完成全部设置后,单击【确定】按钮。

命令:【格式】→【标注样式】。

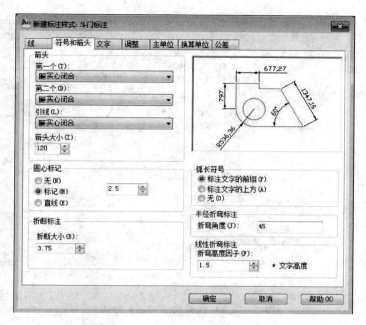

图 3.6 【符号和箭头】对话框

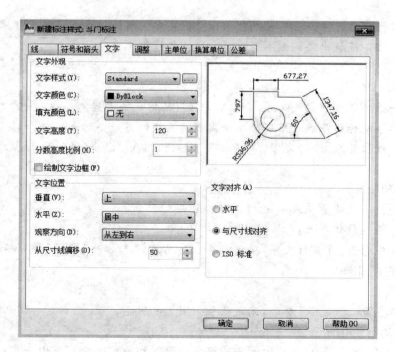

图 3.7 【文字】对话框

【标注样式管理器】对话框如图 3.8 所示。

单击【斗门标注】→选择【置为当前】。

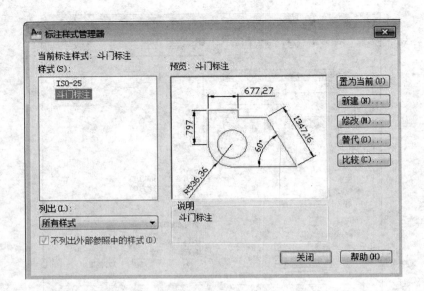

图 3.8　【标注样式管理器】对话框

3.1.2.4　尺寸标注

对图形进行尺寸标注。分析纵剖图,尺寸标注多为线性标注,应按照工程图尺寸标注的规范进行标注,注意不要缺漏不要重复。具体步骤如下:

命令:dli。

DIMLINEAR

指定第一条延伸线原点或＜选择对象＞:(用鼠标单击需标注直线的一个端点)

指定第二条延伸线原点:(用鼠标单击需标注直线的另一个端点)

指定尺寸线位置或[多行文字(M)/文字(T)/角度(A)/水平(H)/垂直(V)/旋转(R)]:

标注文字 = 250。

命令:DIMLINEAR。

指定第一条延伸线原点或＜选择对象＞:

指定第二条延伸线原点:

指定尺寸线位置或[多行文字(M)/文字(T)/角度(A)/水平(H)/垂直(V)/旋转(R)]:

标注文字 = 1200。

……

后面步骤重复,此处不再赘述,完成效果如图 3.9 所示。

3.1.2.5　块的创建

图中有标高标注,标高标注由倒三角符号,直线和数字组成。可以先将标高标注形成"块",有利于重复使用。具体步骤如下:

先画出一个倒三角的形状和一条直线: ▽───────

命令:block。

【块定义】对话框如图 3.10 所示。

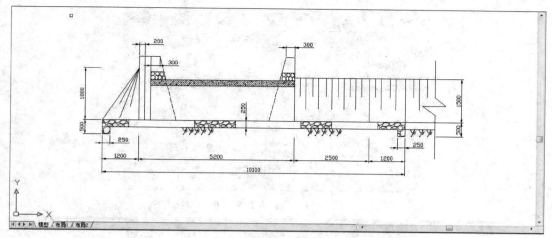

图 3.9 斗门线性标注

图 3.10 【块定义】对话框

名称:标高投影。

基点:在屏幕中指定,单击 拾取点(K) ,选取刚才所画图形的任意一点作为基点。

对象:单击 选择对象(T) ,选择刚才所画的三角形和直线,选好后右键确认,回到对话框设置好后按【确定】,即成功创建块。

3.1.2.6 添加标高标注

在图中合适的位置添加标高标注,具体步骤如下:

命令:【插入】→【块】。

【插入】对话框如图 3.11 所示。

单击【确定】,将标高标注放置在合适的位置即可。

3.1.2.7 文字输入

标高符号插入后,要把标高数字加入进去,具体步骤如下:

命令:mtext。

在绘图区指定区域后,会弹出如图 3.12 所示的对话框。

选择字体,设置字高,输入标高数字,按【确定】。

图 3.11　【插入】对话框

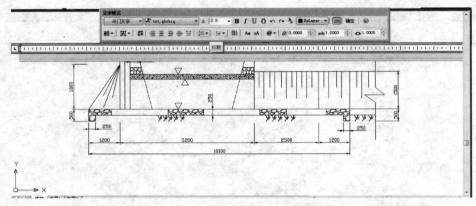

图 3.12　【文字格式】对话框

3.1.2.8　检查成果

双击鼠标滚轮进行全屏缩放，检查各项尺寸标注是否完整正确。

3.2　标 题 栏 的 制 作

标题栏是工程图重要的组成部分，它是用于说明工程图制图人、审核人、比例等基本信息的。图 3.13 是其中一种标题栏的形式，规定尺寸绘制表格，再对表格进行文字编辑。

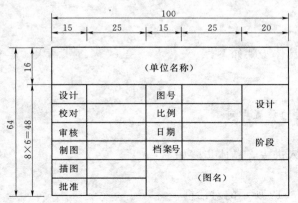

图 3.13　标题栏

3.2.1　案例分析

表格绘制是 CAD 的基本命令，根据表格内容，设置表格格式，再输入表头等信息即可。

3.2.2　实施步骤

3.2.2.1　基本表格的绘制

命令:【绘图】→【表格】

弹出如下对话框：

设置：【列数】：5　【列宽】：25

　　　【行数】：9　【行宽】：6

单击确定，在表格内输入文字即可，如图 3.14 所示。

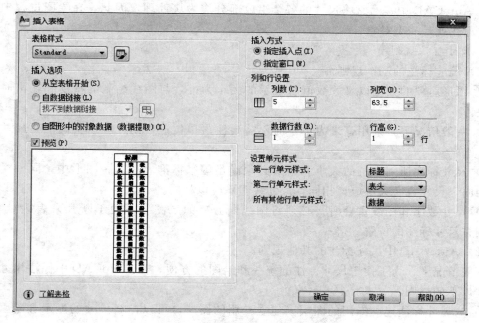

图 3.14　【插入表格】对话框

3.2.2.2　检查成果

检查图表数据是否完整。

3.2.3　知识链接

3.2.3.1　尺寸标注概述

1. 尺寸标注的组成

尽管尺寸标注在类型和外观上多种多样，但一个完整的尺寸标注都是由尺寸线、尺寸界线、尺寸箭头和尺寸数字 4 部分组成，如图 3.15 所示。

（1）尺寸线。尺寸线表示尺寸标注的范围。通常是带有箭头且平行于被标注对象的单线段。标注文字沿尺寸线放置。对于角度标注，尺寸线可以是一段圆弧。

（2）尺寸界线。尺寸界线表示尺寸线的开始和结束。通常从被标注对象延长至尺寸线，一般与尺寸线垂直。有些情况下，也可以选用某些图形对象的轮廓线或中心线代替尺寸界线。

（3）尺寸箭头。尺寸箭头在尺寸线的两端，用于标记尺寸标注的起始和终止位置。AutoCAD 提供了多种形式的尺寸箭头，包括建筑标记、小

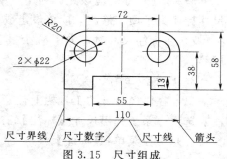

图 3.15　尺寸组成

斜线箭头、点和斜杠标记。读者也可以根据绘图需要创建自己的箭头形式。

（4）尺寸数字。尺寸数字用于表示实际测量值。可以使用由 AutoCAD 自动计算出的测量值，提供自定义的文字或完全不用文字。如果使用生成的文字，则可以附加"加/减公差、前缀和后缀"。

在 AutoCAD 中，通常将尺寸的各个组成部分作为块处理，因此，在绘图过程中，一个尺寸标注就是一个对象。

2. 尺寸标注规则

（1）尺寸标注的基本规则。

1）图形对象的大小以尺寸数值所表示的大小为准，与图线绘制的精度和输出时的精度无关。

2）一般情况下，采用毫米为单位时不需要注写单位；否则，应该明确注写尺寸所用单位。

3）尺寸标注所用字符的大小和格式必须满足国家标准。在同一图形中，同一类终端应该相同，尺寸数字大小应该相同，尺寸线间隔应该相同。

4）尺寸数字和图线重合时，必须将图线断开。如果图线不便于断开来表达对象时，应该调整尺寸标注的位置。

（2）AutoCAD 中尺寸标注的其他规则。

一般情况下，为了便于尺寸标注的统一和绘图的方便，在 AutoCAD 中标注尺寸时应该遵守以下的规则：

1）为尺寸标注建立专用的图层。建立专用的图层，可以控制尺寸的显示和隐藏，和其他的图线可以迅速分开，便于修改、浏览。

2）为尺寸文本建立专门的文字样式。对照国家标准，应该设定好字符的高度、宽度系数、倾斜角度等。

3）设定好尺寸标注样式。按照我国的国家标准，创建系列尺寸标注样式，内容包括直线和终端、文字样式、调整对齐特性、单位、尺寸精度、公差格式和比例因子等等。

4）保存尺寸格式及其格式簇，必要时使用替代标注样式。

5）采用 1∶1 的比例绘图。由于尺寸标注时可以让 AutoCAD 自动测量尺寸大小，所以采用 1∶1 的比例绘图，绘图时无须换算，在标注尺寸时也无须再键入尺寸大小。如果最后统一修改了绘图比例，相应的应该修改尺寸标注的全局比例因子。

6）标注尺寸时应该充分利用对象捕捉功能准确标注尺寸，可以获得正确的尺寸数值。尺寸标注为了便于修改，应该设定成关联的。

7）在标注尺寸时，为了减少其他图线的干扰，应该将不必要的层关闭，如剖面线层等。

3. 尺寸标注命令启用

（1）在已经打开的工具栏上任意位置右击鼠标，在系统弹出的光标菜单上选择【标注】选项，系统弹出尺寸【标注】工具栏，如图 3.16 所示。

（2）下拉菜单：【标注】。

（3）快捷键。

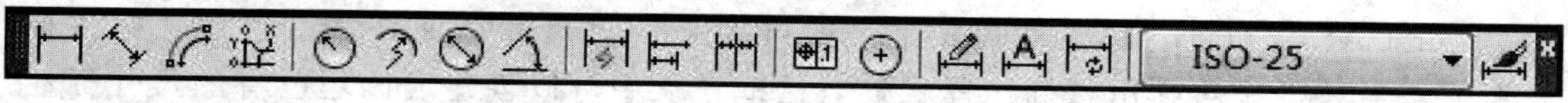

图 3.16 尺寸标注图标

4. 尺寸标注的类型

AutoCAD 2010 中的尺寸标注可以分为以下类型：直线标注、角度标注、径向标注、坐标标注、引线标注、公差标注、中心标注以及快速标注等。

（1）直线标注。

直线标注包括线性标注、对齐标注、基线标注和连续标注。

1）线性标注：线性标注是测量两点间的直线距离。按尺寸线的放置可分为水平标注、垂直标注和旋转标注 3 个基本类型。

2）对齐标注：对齐标注是创建尺寸线平行于尺寸界线起点的线性标注。

3）基线标注：基线标注是创建一系列的线性、角度或者坐标标注，每个标注都从相同原点测量出来。

4）连续标注：连续标注是创建一系列连续的线性、对齐、角度或者坐标标注，每个标注都是从前一个或者最后一个选定的标注的第二尺寸界线处创建，共享公共的尺寸界线。

（2）角度标注。

角度标注用于测量角度。

（3）径向标注。

径向标注包括半径标注、直径标注和弧长标注。

1）半径标注：半径标注是用于测量圆和圆弧的半径。

2）直径标注：直径标注是用于测量圆和圆弧的直径。

3）弧长标注：弧长标注是用于测量圆弧的长度，它是 AutoCAD 2008 新增功能。

（4）坐标标注。

使用坐标系中相互垂直的 X 和 Y 坐标轴作为参考线，依据参考线标注给定位置的 X 或者 Y 坐标值。

（5）引线标注。

引线标注用于创建注释和引线，将文字和对象在视觉上链接在一起。

（6）公差标注。

公差标注用于创建形位公差标注。

（7）中心标注。

中心标注用于创建圆心和中心线，指出圆或者是圆弧的中心。

（8）快速标注。

快速标注是通过一次选择多个对象，创建标注排列。例如基线、连续和坐标标注。

3.2.3.2 尺寸标注样式设置

1. 创建尺寸样式

默认情况下，在 AutoCAD 中创建尺寸标注时使用的尺寸标注样式是"ISO－25"，用户可以根据需要创建一种新的尺寸标注样式。

AutoCAD 提供的【标注样式】命令即可用来创建尺寸标注样式。启用【标注样式】命令后，系统将弹出【标注样式】对话框，从中可以创建或调用已有的尺寸标注样式。在创建新的尺寸标注样式时，用户需要设置尺寸标注样式的名称，并选择相应的属性。

　　启用【标注样式】命令有 3 种方法：

　　（1）选择【格式】→【标注样式】命令。

　　（2）单击【样式】工具栏中的【标注样式管理器】按钮 。

　　（3）在命令行输入命令：DIMSTYLE。

　　启用【标注样式】命令后，系统弹出如图 3.17 所示的【标注样式管理器】对话框，各选项功能如下：

　　（1）【样式】选项：显示当前图形文件中已定义的所有尺寸标注样式。

　　（2）【预览】选项：显示当前尺寸标注样式设置的各种特征参数的最终效果图。

　　（3）【列出】选项：用于控制在当前图形文件中是否全部显示所有的尺寸标注样式。

　　（4）置为当前(U)按钮：用于设置当前标注样式。对每一种新建立的标注样式或对原式样的修改后，均要置为当前设置才有效。

　　（5）新建(N)...按钮：用于创建新的标注样式。

　　（6）修改(M)...按钮：用于修改已有标注样式中的某些尺寸变量。

　　（7）替代(O)...按钮：用于创建临时的标注样式。当采用临时标注样式标注某一尺寸后，再继续采用原来的标注样式标注其他尺寸时，其标注效果不受临时标注样式的影响。

　　（8）比较(C)...按钮：用于比较不同标注样式中不相同的尺寸变量，并用列表的形式显示出来。

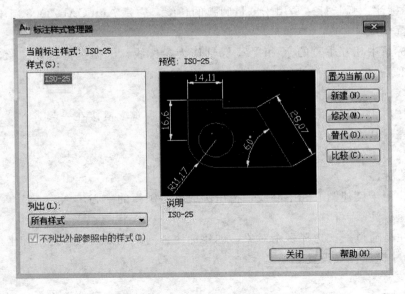

图 3.17　【标注样式管理器】对话框

创建尺寸样式的操作步骤如下：

（1）用上述任意一种方法启用【标注样式】命令，弹出【标注样式管理器】对话框，在【样式】列表下显示了当前使用图形中已存在的标注样式。

（2）单击新建按钮，弹出【创建新标注样式】对话框，在【新样式名】选项的文本框中输入新的样式名称；在【基础样式】选项的下拉列表中选择新标注样式是基于哪一种标注样式创建的；在【用于】选项的下拉

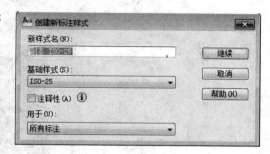

图 3.18 【创建新标注样式】对话框

列表中选择标注的应用范围，如应用于所有标注、半径标注、对齐标注等，如图 3.18 所示。

（3）单击继续按钮，弹出【新建标注样式】对话框，此时用户即可应用对话框中的 7 个选项卡进行设置，如图 3.19 所示。

（4）单击确定按钮，即可建立新的标注样式，其名称显示在【标注样式管理器】对话框的【样式】列表下，如图 3.20 所示。

（5）在【样式】列表内选中刚创建的标注样式，单击置为当前按钮，即可将该样式设置为当前使用的标注样式。

（6）单击关闭按钮，即可关闭对话框，返回绘图窗口。

图 3.19 【新建标注样式】对话框

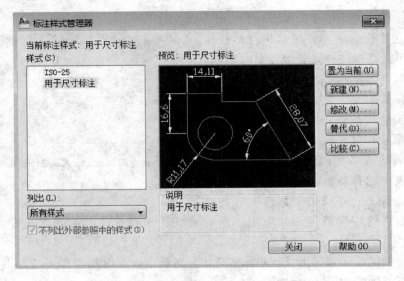

图 3.20　【标注样式管理器】对话框

2. 控制尺寸线和尺寸界线

在前面创建标注样式时，在图 3.19 所示的【新建标注样式】对话框中有 7 个选项卡来设置标注的样式，在【线】选项卡中，可以对尺寸线和尺寸界线进行设置，如图 3.21 所示。

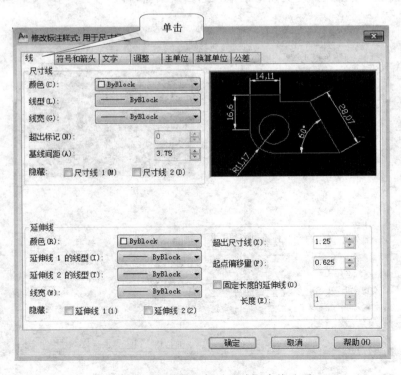

图 3.21　【尺寸线和尺寸界线】直线选项

（1）调整尺寸线。

在【尺寸线】选项组中可以设置影响尺寸线的一些变量。

1）【颜色】下拉列表框：用于选择尺寸线的颜色。

2）【线型】下拉列表框：用于选择尺寸线的线型，正常选择为连续直线。

3）【线宽】下拉列表框：用于指定尺寸线的宽度，线宽建议选择 0.13。

4）【超出标记】选项：指定当箭头使用倾斜、建筑标记、积分和无标记时尺寸线超过尺寸界线的距离，如图 3.22 所示。

5）【基线间距】选项：决定平行尺寸线间的距离。如：创建基线型尺寸标注时，相邻尺寸线间的距离由该选项控制，如图 3.23 所示。

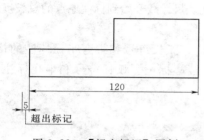

图 3.22 【超出标记】图例

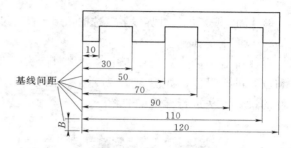

图 3.23 【基线间距】图例

6）【隐藏】选项：有【尺寸线 1】和【尺寸线 2】两个复选框，用于控制尺寸线两端的可见性，如图 3.24 所示。同时选中两个复选框时将不显示尺寸线。

（2）控制尺寸界线。

在【尺寸界线】选项组中可以设置尺寸界线的外观。

1）【颜色】列表框：用于选择尺寸界线的颜色。

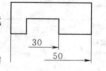

（a）隐藏尺寸线 1　　　　（b）隐藏尺寸线 2

图 3.24 【隐藏尺寸线】图例

2）【线型尺寸界线 1 线型】下拉列表：用于指定第一条尺寸界线的线型，正常设置为连续线。

3）【线型尺寸界线 2 线型】下拉列表：用于指定第二条尺寸界线的线型，正常设置为连续线。

4）【线宽】列表框：用于指定尺寸界线的宽度，建议设置为 0.13。

5）【隐藏】选项：有【尺寸界线 1】和【尺寸界线 2】两个复选框，用于控制两条尺寸界线的可见性，如图 3.25 所示；当尺寸界线与图形轮廓线发生重合或与其他对象发生干涉时，可选择隐藏尺寸界线。

（a）隐藏尺寸界线 1　　　　（b）隐藏尺寸界线 2

图 3.25 【隐藏尺寸界线】图例

6）【超出尺寸线】选项：用于控制尺寸界线超出尺寸线的距离，如图 3.26 所示，通常规定尺寸界线的超出尺寸为 2～3mm，使用 1∶1 的比例绘制图形时，设置此选项为 2 或 3。

7）【起点偏移量】选项：用于设置自

图形中定义标注的点到尺寸界线的偏移距离,如图 3.26 所示。通常尺寸界线与标注对象间有一定的距离,能够较容易地区分尺寸标注和被标注对象。

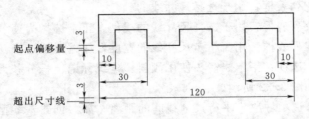

图 3.26 【超出尺寸线和起点偏移量】图例

8)【固定长度的尺寸界线】复选框:用于指定尺寸界线从尺寸线开始到标注原点的总长度。

3. 控制符号和箭头

在【符号和箭头】选项卡中,可以对箭头、圆心标记、弧长符号和折弯半径标注的格式和位置进行设置,如图 3.27 所示。下面分别对箭头、圆心标记、弧长符号和半径标注、折弯的设置方法进行详细的介绍。

图 3.27 【符号和箭头】选项

(1) 箭头的使用。

在【箭头】选项组中提供了对尺寸箭头的控制选项。

1)【第一个】下拉列表框:用于设置第一条尺寸线的箭头样式。

2)【第二个】下拉列表框:用于设置第二条尺寸线的箭头样式。当改变第一个箭头的类型时,第二个箭头将自动改变以同第一个箭头相匹配。

3）【引线】下拉列表框：用于设置引线标注时的箭头样式。

4）【箭头大小】选项：用于设置箭头的大小。

AutoCAD 2010 提供了 19 种标准的箭头类型，其中设置有建筑制图专用箭头类型，如图 3.28 所示，可以通过滚动条来进行选取。要指定用户定义的箭头块，可以选择【用户箭头】命令，弹出【选择自定义箭头块】对话框，选择用户定义的箭头块的名称，如图 3.29 所示，单击【确定】按钮即可。

（2）设置圆心标记及圆中心线。

在【圆心标记】选项组中提供了对圆心标记的控制选项。

1）【圆心标记】选项组：该选项组提供了【无】【标记】和【直线】3 个单选项，可以设置圆心标记或画中心线，效果如图 3.30 所示。

2）【大小】选项：用于设置圆心标记或中心线的大小。

图 3.28　19 种标准的箭头类型

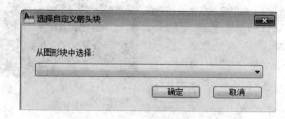

图 3.29　【选择自定义箭头块】对话框

(a)无　　　　　(b)标记　　　　　(c)直线

图 3.30　【圆心标记】选项

（3）设置弧长符号。

在【弧长符号】选项组中提供了弧长标注中圆弧符号的显示控制选项。

1）【标注文字的前缀】单选项：用于将弧长符号放在标注文字的前面。

2）【标注文字的上方】单选项：用于将弧长符号放在标注文字的上方。

3）【无】单选项：用于不显示弧长符号。3 种不同方式显示如图 3.31 所示。

(a)标注文字的前缀　　　(b)标注文字的上方　　　(c)无

图 3.31　【弧长符号】选项

图 3.32　【折弯角度】数值

示折弯角度为 45°。

（4）设置半径标注折弯。

在【半径标注折弯】选项组中提供了折弯（Z 形）半径标注的显示控制选项。

【折弯角度】数值框：确定用于连接半径标注的尺寸界线和尺寸线的横向直线的角度，如图 3.32 所

4. 控制标注文字外观和位置

在【新建标注样式】对话框的【文字】选项卡中，可以对标注文字的外观和文字的位置进行设置，如图 3.33 所示。下面对文字的外观和位置的设置进行详细的介绍。

图 3.33　【文字】选项

（1）文字外观。

在【文字外观】选项组中可以设置控制标注文字的格式和大小。

1）【文字样式】下拉列表框：用于选择标注文字所用的文字样式。如果需要重新创建文字样式，可以单击右侧的按钮，弹出【文字样式】对话框，创建新的文字样式即可。

2）【文字颜色】下拉列表框：用于设置标注文字的颜色。

3）【填充颜色】下拉列表框：用于设置标注中文字背景的颜色。

4）【文字高度】数值框：用于指定当前标注文字样式的高度。若在当前使用的文字样式中设置了文字的高度，此项输入的数值无效。

5）【分数高度比例】数值框：用于指定分数形式字符与其他字符之间的比例。只有在选择支持分数的标注格式时，才可进行设置。

6)【绘制文字边框】复选框：用于给标注文字添加一个矩形边框。

（2）文字位置。

在【文字位置】选项组中，可以设置控制标注文字的位置。

在【垂直】下拉列表框：包含【居中】【上方】【外部】和【JIS】4个选项，用于控制标注文字相对尺寸线的垂直位置。选择某项时，在对话框的预览框中可以观察到标注文字的变化，如图3.34所示。

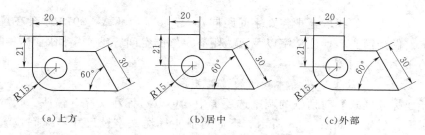

（a）上方　　　　　　　　（b）居中　　　　　　　　（c）外部

图3.34　【垂直】下拉列表框3种情况

1)【居中】选项：将标注文字放在尺寸线的两部分中间。

2)【上方】选项：将标注文字放在尺寸线上方。

3)【外部】选项：将标注文字放在尺寸线上离标注对象较远的一边。

4)【JIS】选项：按照日本工业标准"JIS"放置标注文字。

在【水平】下拉列表框：包含【居中】【第一条尺寸界线】【第二条尺寸界线】【第一条尺寸界线上方】和【第二条尺寸界线上方】5个选项，用于控制标注文字相对于尺寸线和尺寸界线的水平位置。

5)【居中】选项：把标注文字沿尺寸线放在两条尺寸界线的中间。

6)【第一条尺寸界线】选项：沿尺寸线与第一条尺寸界线左对正。

7)【第二条尺寸界线】选项：沿尺寸线与第二条尺寸界线右对正。尺寸界线与标注文字的距离是箭头大小加上文字间距之和的2倍，如图3.35所示。

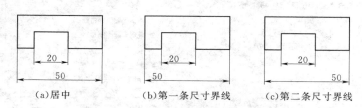

（a）居中　　　　　　（b）第一条尺寸界线　　　　　（c）第二条尺寸界线

图3.35　【水平】下拉框的3种情况

8)【第一条尺寸界线上方】选项：沿着第一条尺寸界线放置标注文字或把标注文字放在第一条尺寸界线之上。

9)【第二条尺寸界线上方】选项：沿着第二条尺寸界线放置标注文字或把标注文字放在第二条尺寸界线之上，如图3.36所示。

10)【从尺寸线偏移】数值框：用于设置当前文字与尺寸线之间的间距，如图3.37所示。AutoCAD也将该值用作尺寸线线段所需的最小长度。

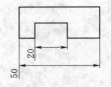
(a)第一条尺寸界线上方

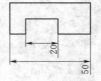
(b)第二条尺寸界线上方

图 3.36　【水平】下拉框的 2 种情况

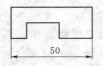
(a)对齐从尺寸线偏移 1

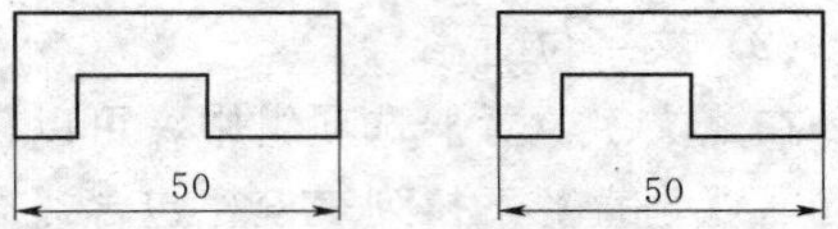

(b)水平从尺寸线偏移 2

图 3.37　【从尺寸线偏移】图例

注意：仅当生成的线段至少与文字间距同样长时，AutoCAD 2010 才会在尺寸界线内侧放置文字。仅当箭头、标注文字以及页边距有足够的空间容纳文字间距时，才将尺寸上方或下方的文字置于内侧。

5. 调整箭头、标注文字及尺寸线间的位置关系

在【新建标注样式】对话框的调整选项卡中，可以对标注文字、箭头、尺寸界线之间的位置关系进行设置，如图 3.38 所示。下面对箭头标注文字及尺寸界线间位置关系的设置进行详细的说明。

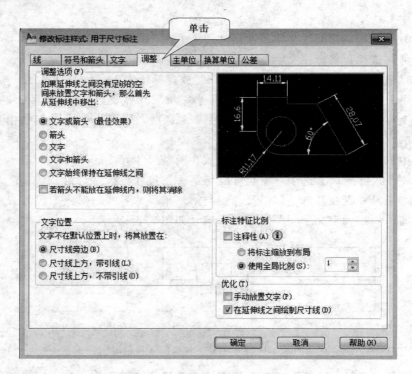

图 3.38　【调整】选项

（1）调整选项。

调整选项主要用于控制基于尺寸界线之间可用空间的文字和箭头的位置，如图 3.39 所示。

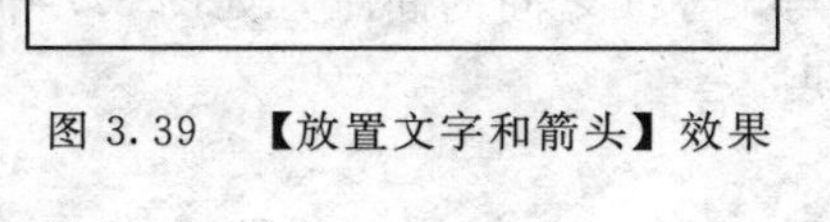

特别提示：当尺寸间的距离仅够容纳文字时，文字放在尺寸线内，箭头放在尺寸线外；当尺寸界线间

图 3.39　【放置文字和箭头】效果

的距离仅够容纳箭头时，箭头放在尺寸界线内，文字放在尺寸界线外；当尺寸界线间的距离既不够放文字又不够放箭头时，文字和箭头都放在尺寸界线外。

（2）调整文字在尺寸线上的位置。

在【调整】选项下拉菜单中，【文字位置】选项用于设置标注文字从默认位置移动时，标注文字的位置，显示效果如图 3.40 所示。

（3）调整标注特征的比例。

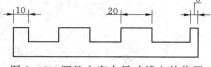

图 3.40 调整文字在尺寸线上的位置

在【调整】选项下拉菜单中，【标注特征比例】选项组用于设置全局标注比例值或图纸空间比例。

6. 设置文字的主单位

在【新建标注样式】对话框的【主单位】选项卡中，可以设置主标注单位的格式和精度，并设置标注文字的前缀和后缀，如图 3.41 所示。

图 3.41 【主单位】选项

7. 设置不同单位尺寸间的换算格式及精度

在【新建标注样式】对话框的【换算单位】选项卡中，选择【显示换算单位】复选框，当前对话框变为可设置状态。此选项卡中的选项可用于设置文件的标注测量值中换算单位的显示并设置其格式和精度，如图 3.42 所示。

8. 设置尺寸公差

在【新建标注样式】对话框的【公差】选项卡中，可以设置标注文字中公差的格式及显示，如图 3.43 所示。

图 3.42 【换算单位】选项

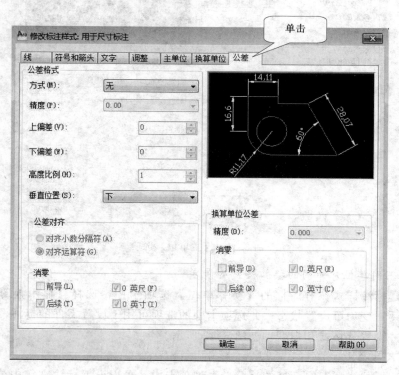

图 3.43 【公差】选项

3.2.3.3 尺寸标注

在设定好【尺寸样式】后，即可以采用设定好的【尺寸样式】进行尺寸标注。按照标注尺寸的类型，可以将尺寸分成长度尺寸、半径、直径、坐标、指引线、圆心标记等，按照标注的方式，可以将尺寸分成水平、垂直、对齐、连续、基线等。下面按照不同的标注方法介绍标注命令。常见的尺寸标注如图 3.44 所示。

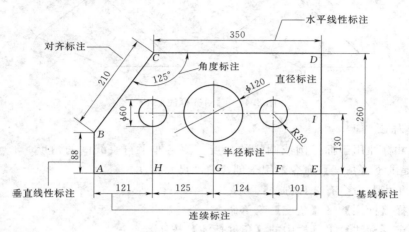

图 3.44 常见的尺寸标注

1. 线性尺寸标注

线性尺寸标注指两点可以通过指定两点之间的水平或垂直距离尺寸，也可以是旋转一定角度的直线尺寸。定义可以通过指定两点、选择直线或圆弧等能够识别两个端点的对象来确定。

启用【线性尺寸】标注命令有 3 种方法：

(1) 选择【标注】→【线性】菜单命令。

(2) 单击标注工具栏上的【线性标注】按钮 ▭ 。

(3) 输入命令：DIMLINEAR。

【例 3.1】图 3.45 标注为边长尺寸。

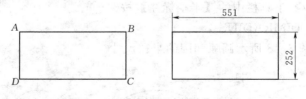

图 3.45 【线性尺寸标注】图例

2. 对齐标注

对倾斜的对象进行标注时，可以使用【对齐】命令。对齐尺寸的特点是尺寸线平行于倾斜的标注对象。

启用【对齐】命令有 3 种方法：

(1) 选择【标注】→【对齐】菜单命令。

（2）单击【标注】工具栏中的【对齐标注】按钮。

（3）输入命令：DIMALIGNED。

【例 3.2】采用对齐标注方式标注图 3.46 所示的边长。

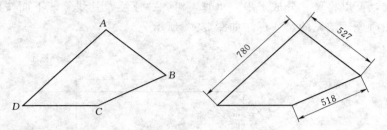

图 3.46 【对齐标注】图例

3. 角度标注

角度尺寸标注用于标注圆或圆弧的角度、两条非平行直线间的角度、3 点之间的角。AutoCAD 提供了【角度】命令，用于创建角度尺寸标注。

启用【角度】命令有 3 种方法：

（1）选择【标注】→【角度】菜单命令。

（2）单击【标注】工具栏中的【角度标注】按钮。

（3）输入命令：DIMANGULAR。

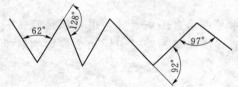

图 3.47 直线间角度的标注

【例 3.3】标注图 3.47 所示的角的不同方向尺寸。

4. 标注半径尺寸

半径标注是由一条具有指向圆或圆弧的箭头的半径尺寸线组成，测量圆或圆弧半径时，自动生成的标注文字前将显示一个表示半径长度的字母"R"。

启用【半径标注】命令有 3 种方法：

（1）选择【标注】→【半径】菜单命令。

（2）单击【标注】工具栏中的【半径标注】按钮。

（3）输入命令：DIMRADIUS。

【例 3.4】标注图 3.48 所示圆弧和圆的半径尺寸。

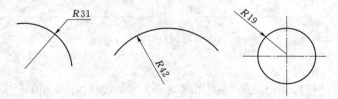

图 3.48 半径标注图例

5. 标注直径尺寸

与圆或圆弧半径的标注方法相似。

启用【直径标注】命令有 3 种方法：

（1）选择【标注】→【直径】菜单命令。

（2）单击【标注】工具栏中的【直径标注】按钮 。

（3）输入命令：DIMDIAMETER。

【例 3.5】 标注图 3.49 所示圆和圆弧的直径。

6. 连续标注

连续尺寸标注是工程制图（特别是多用于建筑制图）中常用的一种标注方式，指一系列首尾相连的尺寸标注。其中，相邻的两个尺寸标注间的尺寸界线作为公用界线。

图 3.49　直径标注图例

启用【连续标注】命令有 3 种方法：

（1）选择【标注】→【连续】菜单命令。

（2）单击【标注】工具栏中的【连续】按钮 。

（3）输入命令：DCO（DIMCONTINUE）。

【例 3.6】 对图 3.50 中的图形进行连续标注。

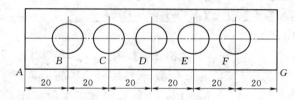

图 3.50　连续标注图例

7. 基线标注

对于从一条尺寸界线出发的基线尺寸标注，可以快速进行标注，无须手动设置两条尺寸线之间的间隔。

启用【基线标注】命令有 3 种方法：

（1）选择【标注】→【基线】菜单命令。

（2）单击【标注】工具栏中的【基线】按钮 。

（3）输入命令：DIMBASELINE。

【例 3.7】 采用基线标注方式标注图 3.51 中的尺寸。

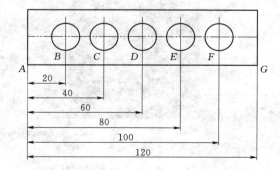

图 3.51　基线标注图例

注意：在使用连续标注和基线标注时，首先第一个尺寸要用线性标注，然后才可以用连续和基线标注，否则无法使用这两种标注方法。

8. 多重引线标注

在机械上，引线标注通常用于为图形标注倒角、零件编号、形位公差等，在 AutoCAD 中，可使用多重引线标注命令（MLEADER）创建引线标注。多重引线标注由带箭头或不带箭头的直线或样条曲线（又称引线），一条短水平线（又称基线），以及处于引线末端的文字或块组成，如图 3.52 所示。

图 3.52　引线标注示例

（1）启用"多重引线"命令有 3 种方法：

1）选择【标注】→【多重引线】菜单命令。

2）单独调出工具栏【多重引线】

3）输入命令：MLD。

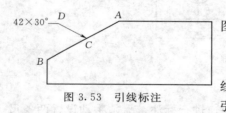

图 3.53　引线标注

【例 3.8】例如，要利用【多重引线】命令标注如图 3.53 所示斜线段 AB 的倒角。

（2）创建和修改多重引线样式。

多重引线样式可以控制引线的外观，即可以指定基线、引线、箭头和内容的格式。用户可以使用默认多重引线样式 Standard，也可以创建自己的多重引线样式。

创建多重引线样式的方法如下：

1）【多重引线样式】工具栏单击 ，打开【多重引线样式管理器】对话框，如图 3.54 所示。

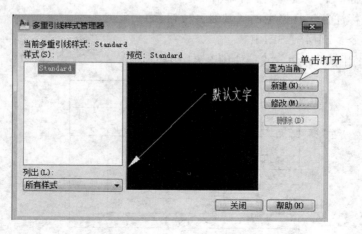

图 3.54　【多重引线样式管理器】对话框

2）单击【新建】按钮，在打开的【创建新多重引线样式】对话框中设置新样式的名称，然后单击【继续】按钮，如图 3.55 所示。

图 3.55 【创建新多重引线样式】对话框

3）打开【修改多重引线样式：引线标注】对话框，在【引线格式】选项卡中可设置引线的类型、颜色、线型和线宽，引线前端箭头符号和箭头大小，如图 3.56 所示。

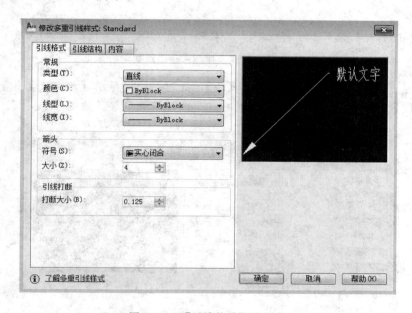

图 3.56 【引线格式】选项卡

4）打开【引线结构】选项卡，在此可设置【最大引线点数】，是否包含基线，以及基线长度。

5）打开【内容】选项卡，在此可设置【多重引线类型】（多行文字或块）。如果多重引线类型为多行文字，还可设置文字的样式、角度、颜色、高度等。

6）【引线连接】设置区用于设置当文字位于引线左侧或右侧时，文字与基线的相对位置，以及文字与基线的距离，如图 3.57 所示。

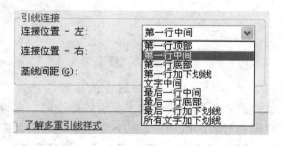

图 3.57（一） 基线连接到多重引线文字的方式

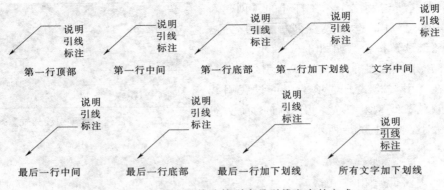

图 3.57（二）　基线连接到多重引线文字的方式

7）如果将【多重引线类型】设置为【块】，此时系统将显示【块选项】设置区，利用该设置区可设置块类型，块附着到引线的方式，以及块颜色等，如图 3.58（a）所示。

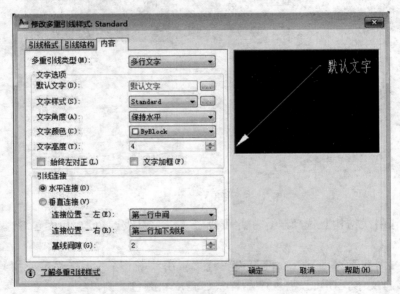

(a)【修改多重引线样式：Standard】对话框

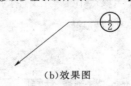

(b)效果图

图 3.58　【多线引线类型】设置为【块】

学习提示：这里所说的块实际上是一个带属性的注释信息块。例如，默认块类型为"详细信息标注"，利用这类多重引线样式创建多重引线标注时，在确定了引线和基线位置后，系统会提示用输入视图编号和图纸编号。输入结束后，效果如图 3.58（b）所示。

8）设置结束后，单击【确定】按钮，返回【多重引线管理器】对话框。

9）单击【关闭】按钮，关闭【多重引线样式管理器】对话框。

注意：若要修改现有的多重引线样式，可在【多重引线样式管理器】对话框的【样式】列表中选中要修改的样式，然后单击【修改】按钮。

3.2.3.4 文字编辑

1. 设置文本样式

在 AutoCAD 中创建文字对象时，文字的外观都由与其关联的文字样式所决定。系统默认"Standard"文字样式为当前样式，可以通过下面 3 种方法创建新的文字样式 或修改已有的文字样式以及设置图形中书写文字的当前样式。

（1）启动【文字格式】执行方式。

1）菜单：【格式】→【文字样式】。

2）工具栏：【文字】→【文字样式】。

3）命令行：STYLE 或 DDSTYLE。

（2）操作方法。

执行上述命令，AutoCAD 打开【文字样式】对话框，如图 3.59 所示。通过该对话框可以建立新的文字样式或对当前文字样式的参数进行修改。

图 3.59 【文字样式】对话框

建立新文字样式步骤如下：

1）在【文字样式】对话框中单击【新建】按钮，打开【新建文字样式】对话框，如图 3.60 所示。

2）在对话框的【样式名】文本框中输入新文字样式的名称后，单击【确定】按钮返回【文字样式】对话框。

3）在【字体】选项组中的【字体名】处，选取新字体。通信工程制图中，在字体名下拉列表项中选"仿宋_GB2312"。

4）在【大小】选项组中，选中相应的复选框，可以指定文字为注释文字；也可以将指定图纸空间视口中的文字方向与布局方向匹配；还可以设置文字高度。

5）在【效果】选项组中，选中相应的复选框，可以设置文字样式特殊效果。如【颠倒】【反向】和【垂直】等；在【宽度因子】和【倾斜角度】文本框中指定文字宽度的比

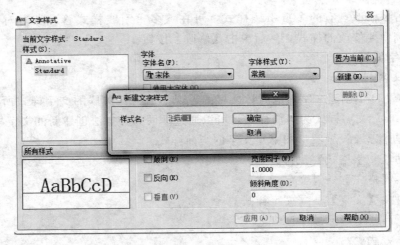

图 3.60 【新建文件样式】对话框

例和倾斜的角度。

2. 单行文字输入

使用单行文字输入命令，其每行文字都是独立的对象，可以单独进行定位、调整格式等编辑工作。

（1）启动【单行文字】执行方式。

1）菜单：【绘图】→【文字】→【单行文字】。

2）工具栏：【文字】→【单行文字】。

3）命令行：TEXT 或 DTEXT。

（2）操作方法。

选择相应的菜单项或单击相应的工具按钮，或输入 TEXT 命令后 Enter，AutoCAD提示：

当前文字样式："Standard"。

当前文字高度：1.0000。

注释性：否。

指定文字的起点或[对正(J)/样式(S)]：

在此提示下直接在作图屏幕上点取一点作为文本的起始点，AutoCAD 提示：

指定高度＜1.0000＞:（确定字符的高度）

指定文字的旋转角度＜0＞:（确定文本行的倾斜角度）

输入文字:（输入文本）

输入文字:（输入文本或回车）

在上面的提示下键入 J，用来确定文本的对齐方式，对齐方式决定文本的哪一部分与所选的插入点对齐。执行此选项，AutoCAD 提示：

输入选项[对齐(A)/调整(F)/中心(C)/中间(M)/右(R)/左上(TL)/中上(TC)/右上(TR)/左中(ML)/正中(MC)/右中(MR)/左下(BL)/中下(BC)/右下(BR)]：

在此提示下选择一个选项作为文本的对齐方式。

用 TEXT 命令创建文本时，在命令行输入的文字同时显示在屏幕上，而且在创建过程中可以随时发改变文本的位置，只要将光标移到新的位置单击鼠标，则当前行结束，随后输入的文本出现在新的位置上。

3. 多行文字输入

使用多行文字命令也可以在绘图区创建标注文字。它与单行文字的区别在于所标注的多行段落文字是一个整体，可以进行统一编辑，因此，多行文字命令较单行文字命令更方便、灵活，它具有一般文字编辑软件的各种功能。

（1）启动【多行文字】执行方式。

1）菜单：【绘图】→【文字】→【多行文字】。

2）工具栏：【绘图】→【多行文字】或【文字】→【多行文字】。

3）命令行：MTEXT。

（2）操作方法。

输入命令 MTEXT 后 Enter，AutoCAD 提示：

当前文字样式："Standard"。

当前文字高度：1.9122。

注释性：否。

指定第一角点：(指定矩形框的第一个角点)

指定对角点或[高度(H)/对正(J)/行距(L)/旋转@/样式(S)/宽度(W)/栏(C)]：

指定对角点后，系统打开多行文字编辑器，如图 3.61 所示，可利用此对话框与编辑器输入多行文本并对其格式进行设置。

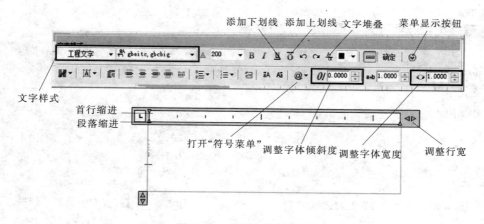

图 3.61 多行文字编辑器

在多行文字绘制区域，单击鼠标右键，系统打开右键快捷菜单，如图 3.62 所示。该快捷菜单提供标准编辑选项和多行文字特有的选项。在多行文字编辑器中单击右键以显示快捷菜单。菜单项层的选项是基本编辑选项：放弃、重做、剪切、复制和粘贴。后面的选项是多行文字编辑器特有的选项。

1）分栏：可以将多行文字对象的格式设置为多栏。可以指定栏和栏间距的宽度、高度及栏数。可以使用夹点编辑栏宽和栏高，可以使用分栏设置进行设置，如图 3.63 所示。

75

全部选择(A)	Ctrl+A
剪切(T)	Ctrl+X
复制(C)	Ctrl+C
粘贴(P)	Ctrl+V
选择性粘贴	▶
插入字段(L)...	Ctrl+F
符号(S)	▶
输入文字(I)...	
段落对齐	▶
段落...	
项目符号和列表	▶
分栏	▶
查找和替换...	Ctrl+R
改变大小写(H)	▶
自动大写	
字符集	▶
合并段落(O)	
删除格式	▶
背景遮罩(B)...	
编辑器设置	▶
了解多行文字	▶
取消	

图 3.62　右键快捷菜单

2）对正：设置多行文字对象的对正和对齐方式。【左上】选项是默认设置。在一行的末尾输入的空格也是文字的一部分，并会影响该行文字的对正。文字根据其左右边界进行置中对正、左对正或右对正。文字根据其上下边界进行中央对齐、顶对齐或底对齐。各种对齐方式与前面所述类似，不再赘述。

3）查找和替换：显示【查找和替换】对话框，如图 3.64 所示。在该对话框中可以进行替换操作，操作方式与 Word 编辑器中替换操作类似，不再赘述。

4）全部选择：选择多行文字对象中的所有文字。

5）改变大小写：改变选定文字的大小写。可以选择"大写"或"小写"。

6）自动大写：将所有新输入的文字转换成大写。自动大写不影响已有的文字。要改变已有文字的大小写，请选择文字，单击右键，然后在快捷菜单上单击【改变大小写】。

7）删除格式：清除选定文字的粗体、斜体或下划线格式。

8）合并段落：将选定的段落合并为一段并用空格替换每段的回车。

9）堆叠/非堆叠：如果选定的文字中包含堆叠字符则堆叠文字。如果选择的是堆叠文字则取消堆叠。该选项只有在文本中有堆叠文字或待堆叠文字时才显示。

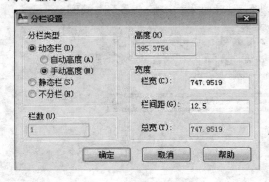

图 3.63　【分栏设置】对话框

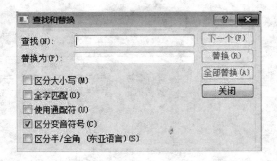

图 3.64　【查找和替换】对话框

10）符号：在光标位置插入列出的符号或不间断空格。也可以手动插入符号。常用的符号见表 3.1。

表 3.1　　　　　　　　　　　常　用　符　号　表

符　号	功　能
%%O	上划线
%%U	下划线
%%C	直径符号：φ
%%D	"度"符号：°
%%P	正负值符号：±

11）输入文字：显示【选择文件】对话框，如图 3.65 所示。选择任意 ASCII 或 RTF 格式的文件。输入的文字保留原始字符格式和样式特性，但可以在多行文字编辑器中编辑和格式化输入的文字。选择要输入的文本文件后，可以替换选定的文字或全部文字，或在文字边界内将插入的文字附加到选定的文字中。输入文字的文件大小必须小于 32KB。

图 3.65 【选择文件】对话框

12）插入字段：插入一些常用或预设字段。单击该命令，系统打开【字段】对话框，如图 3.66 所示。用户可以从中选择字段插入到标注文本中。

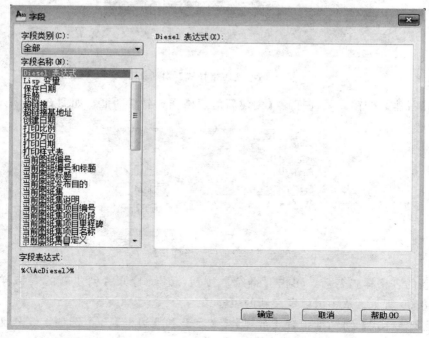

图 3.66 【字段】对话框

3.2.3.5　表格

1. 设置表格样式

表格样式是用来控制表格的基本形状和间距的，和文字样式一样，所有 AutoCAD 2010 图形中的表格都有和其相对应的表格样式。当插入表格对象时，AutoCAD 2010 使用当前设置的表格样式。模板文件 ACAD. DWT 和 ACADISO. DWT 中定义了名为 STANDARD 的默认表格样式。

（1）启动"表格样式"执行方式。

1）菜单：【格式】→【表格样式】。

2）工具栏：【样式】→【表格样式】。

3）命令行：TABLESTYLE。

（2）操作方法。

执行上述命令，系统打开【表格样式】对话框，如图 3.67 所示。

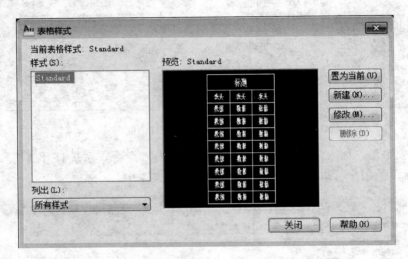

图 3.67　【表格样式】对话框

单击【新建】按钮，系统打开【创建新的表格样式】对话框，如图 3.68 所示。

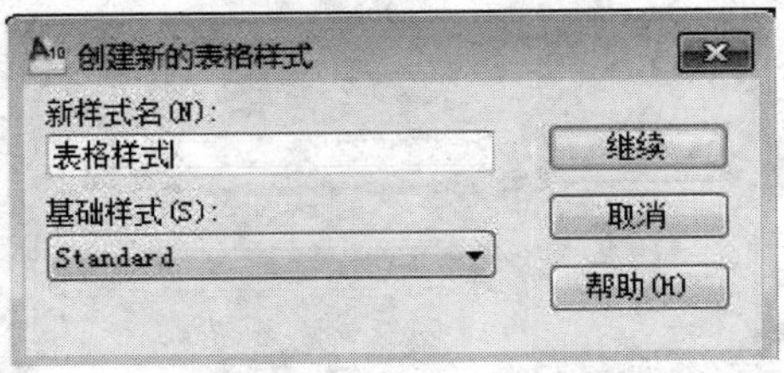

图 3.68　【创建新的表格样式】对话框

输入新的表格样式名后，单击【继续】按钮，系统打开【创建新的表格样式】对话框，如图 3.69 所示。从中可以定义新的表样式。

【新建表格样式】对话框中有【常规】【文字】和【边框】3 个选项卡。分别控制表格中数据、表头和标题的有关参数。

图 3.69 【新建表格样式】对话框

2. 创建表格

在设置好表格样式后，就可以开始创建表格了。

（1）启动【表格】执行方式。

1）菜单：【绘图】→【表格】。

2）工具栏：【绘图】→【表格】。

3）命令行：TABLE。

（2）选项说明。

在【表格样式】选项组中，可以在【表格样式】下拉列表框中选择一种表格样式，也可以单击后面的"⬚"按钮新建或修改表格样式。

在【插入方式】选项组中，有两个单选项：

（1）【指定插入点】单选按钮指定表左上角的位置。可以使用定点设备，也可以在命令行输入坐标值。如果表样式将表的方向设置为由下而上读取，则插入点位于表的左下角。

（2）【指定窗口】单选按钮指定表的大小和位置。可以使用定点设备，也可以在命令行输入坐标值。选定此选项时，行数、列数、列宽和行高取决于窗口的大小以及列和行设置。

【列和行设置】选项组用来指定列和行的数目以及列宽与行高。

在上面的【插入表格】对话框中进行相应设置后，单击【确定】按钮，系统在指定的插入点或窗口自动插入一个空表格，并显示多行文字编辑器，用户可以逐行逐列输入相应的文字或数据，如图 3.70 所示。

3. 编辑表格文字

使用本命令可以对表格中的文字内容进行编辑修改。

（1）启动【多行文字编辑器】执行方式。

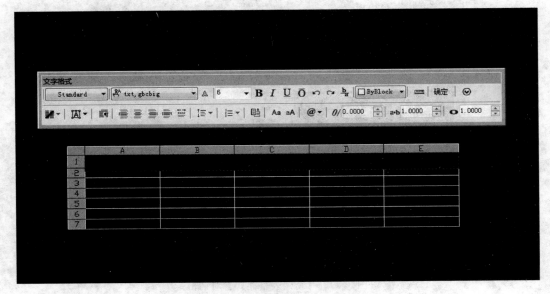

图 3.70　空表格和多行文字编辑器

1）命令行：TABLEDIT。

2）定点设备：表格内双击。

3）快捷菜单：编辑单元文字。

（2）操作方法。

执行上述命令，系统打开多行文字编辑器，用户可以对指定表格单元的文字进行编辑。

3.2.3.6　块

1. 块的概述

定义：可以组合起来形成单个对象的集合，使用图块可以将许多图形对象作为一个整体进行组织和操作，用来组装复杂的图形。

特点：①任何图形均可以组成块；②可以进行嵌套；③编辑时被看作单一实体；④对所定义的块修改后，任何引用该块的部分均做修改。

优点：①减少绘图时间（重复使用）；②便于修改；③便于加入文字信息（属性）；④节约磁盘空间（图形文件中保存的是图块的参数特征而非实体）。

2. 创建新图块

（1）启动【创建块】执行方式。

1）命令行：B。

2）工具栏：【绘图】→【创建块】。

3）菜单：【绘图】→【块】→【创建】。

（2）操作方法。

单击【绘图】工具栏上的【创建块】按钮，AutoCAD 打开【块定义】对话框，如图 3.71 所示。

图 3.71 【块定义】对话框

该对话框中各部分的功能如下：

1)【名称】文本框：在其中输入图块名称。

2)【基点】选项组：用于确定图块插入点位置。

单击拾取点按钮，然后移动鼠标在绘图区内选择一个点。也可在 X、Y、Z 文本框中输入具体的坐标值。

3)【对象】选项组：选择构成图块的对象及控制对象显示方式。

单击【选择对象】按钮，AutoCAD 将隐藏【块定义】对话框，用户可在绘图区内用鼠标选择构成块的对象，右击鼠标结束选择。则块定义对话框重新出现。

单击【快速选择】按钮，打开快速选择对话框。用户可通过该对话框进行快速过滤，选择满足一定条件的对象。

选择【保留】选项，则在用户创建完图块后，AutoCAD 将继续保留这些构成图块的对象，并将它们当作一个普通的单独对象来对待。

选择【转化为块】选项，则在用户创建完图块后，AutoCAD 将自动将这些构成图块的对象转化为一个图块来对待。

选择【删除】选项，则在用户创建完图块后，AutoCAD 将删除所有构成图块的对象目标。

4)【预览图标】选项组：控制是否显示图块图标。

选择【不包括图标】选项后，AutoCAD 将不会显示用户新定义图块的几何轮廓图标。

选择【从块的几何图形创建图标】选项后，AutoCAD 将在【预览图标】选项组的右边显示用户新定义图块的几何轮廓图标。

5)【插入单位】列表：设置当用户从 AutoCAD 设计中心拖放该图块时的插入比例单位。

6)【说明】列表框：用户可在其中输入与所定义图块有关的描述性文字。

7)【超级链接】按钮：打开【插入超链接】对话框，可用它将超链接与块定义相关联。

图 3.72 【写块】对话框

3. 块存盘和插入图块

（1）块存盘。

将已创建的块存储起来，可按以下步骤进行：

1）在命令行输入 WBLOCK 后 Enter，打开【写块】对话框，如图 3.72 所示。

2）在【源】设置区中，选择【块】单选按钮，并在右边的下拉列表框中选择已定义的块，如果当前没有定义块，可选择【对象】按钮，此时利用【写块】对话框中【基点】和【对象】设置区定义块；或选择【整个图形】按钮，将整个图形定义为块。

3）在【目标】设置区的【文件名】和【位置】的下拉列表框中设置块的名称和存储位置。在【插入单位】下拉列表框中设置块使用的单位。

4）单击【确定】按钮，即可将块保存在所指定的位置。

（2）插入图块。

当块保存在所指定的位置后，即可在其他文件中使用该图块了。图块的重复使用是通过插入图块的方式实现的。

菜单方式：【插入】→【块…】。

图标方式：单击绘图工具栏上的 插入块按钮。

键盘输入方式：INSERT。

用上述任意一种方法，AutoCAD 将打开如图 3.73 所示的对话框。该对话框有四组特征参数（要插入的图块名、插入点位置、插入比例系数和图块的旋转角度）用户必须定义。

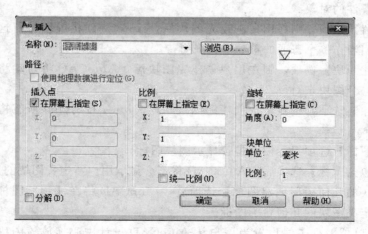

图 3.73 【插入】对话框

1）【名称】下拉列表框。

指定要插入的块的名称，或指定要作为块插入的图形文件名。用户可在下拉列表框中输入或选择所需要的图块名。单击【浏览】按钮，可打开【选择图形文件对话框】，选择所需要的图形文件。

2)【插入点】选项组。

用于确定图块插入图形中时在图形中插入点的位置。该选项组有两种方法决定插入点位置：选择【在屏幕上指定】复选框，则用户可在绘图区内用十字光标确定插入点。不选择【在屏幕上指定】复选框，用户可在 X、Y、Z 3 个文本框中输入插入点的坐标。通常我们都是选择【在屏幕上指定】复选框来确定插入点。

3)【缩放比例】选项组。

用于确定图块在 X、Y、Z 3 个方向上的缩放比例。该选项组有 3 种方法决定图块的缩放比例：选择【在屏幕上指定】复选框，则用户可在命令行直接输入 X、Y、Z 3 个方向的缩放比例系数。不选择【在屏幕上指定】复选框，则用户可在 X、Y、Z 文本框中直接输入 X、Y、Z 3 个方向的缩放比例系数。选择【统一比例】复选框，表示 X、Y、Z 3 个方向的缩放比例系数相同，此时用户可在 X 文本框中输入统一的缩放比例系数。

4)【旋转】选项组。

确定图块的旋转角度。选择【在屏幕上指定】复选框，则用户可在命令行直接输入图块的旋转角度。不选择【在屏幕上指定】复选框，则用户可在【角度】文本框中直接输入图块旋转角度的具体数值。

5)【分解】复选框。

该复选框决定插入块时是作为单个对象还是分解成若干对象。如选中【分解】复选框，只能在 X 文本框中指定比例系数。

4. 图块的属性

(1) 图块属性的概念。

AutoCAD 中，用户可为图块附加一些可以变化的文本信息，以增强图块的通用性。若图块带有属性，则用户在图形文件中插入该图块时，可根据具体情况按属性为图块设置不同的文本信息。这点对那些在绘图中要经常用到的图块来说，利用属性就显得极为重要。

例如在机械制图中，表面粗糙度值有 3.2、1.6、0.8 等，若我们在表面粗糙度符号的图块中将表面粗糙度值定义为属性，则在每次插入这种带有属性的表面粗糙度符号的图块时，AutoCAD 将会自动提示我们输入表面粗糙度的数值，这就大大拓展了该图块的通用性。

(2) 建立带属性的块。

定义属性：在 AutoCAD 中，我们经常使用对话框方式来定义属性。打开该对话框的方法有两种。

1) 菜单方式：【绘图】→【块…】→【定义属性…】。

2) 键盘输入方式：ATTDEF。

启动 ATTDEF 命令后，AutoCAD 打开如图 3.74 所示的【属性定义】对话框。

该对话框各部分功能如下：

1)【模式】选项组。

用于设置属性模式。属性模式有 4 种类型可供选择：

【不可见】复选框，若选择该框，表示插入图块并输入图块属性值后，属性值在图中将不显示出来。若不选择该框，AutoCAD 将显示图块属性值。

【固定】复选框，若选择该框，表示属性值在定义属性时已经确定为一个常量，在插

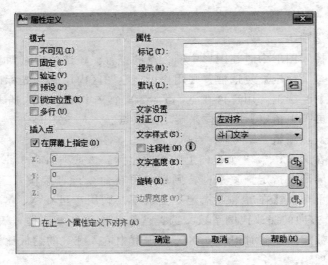

图 3.74 【属性定义】对话框

入图块时，该属性值将保持不变。反之，则属性值将不是常量。

【验证】复选框，若选择该框，表示插入图块时，AutoCAD 对用户所输入的值将再次给出校验提示。反之，AutoCAD 将不会对用户所输入的值提出校验要求。

【预置】复选框，若选择该框，表示要求用户为属性指定一个初始缺省值。反之，则表示 AutoCAD 将不预设初始缺省值。

2）【属性】选项组。

用于设置属性参数，包括【标记】【提示】和【值】。定义属性时，AutoCAD 要求用户在【标记】文本框中输入属性标志。在【值】文本框中输入初始缺省属性值。

3）【插入点】选项组。

确定属性文本插入点。单击【拾取点】按钮，用户可在绘图区内用鼠标选择一点作为属性文本的插入点，然后返回对话框，也可直接在 X、Y、Z 文本框中输入插入点坐标值。

4）【文字选项】选项组。

确定属性文本的选项。该选项组各项的使用与单行文本的命令相同。

5）【在上一个属性定义下对齐】复选框。

选择该框，表示当前属性将继承上一属性的部分参数，此时【插入点】和【文字选项】选项组失效，呈灰色显示。

（3）建立带属性的块。

属性定义好后，只有和图块联系在一起才有用处。向图块追加属性，即建立带属性的块的操作步骤为：

1）绘制构成图块的实体图形。

2）定义属性。

3）将绘制的图形和属性一起定义成图块。建立带属性的块如图 3.75 所示。

（4）插入带属性的块。

带属性的块插入方法与块的插入方法相同，

图 3.75 建立带属性的块

只是在插入结束时，需要指定属性值。具体可按以下步骤进行：

1）打开一个需要插入块的图形文件，单击【绘图】工具栏上的【插入块】按钮，打开【插入】对话框。

2）单击对话框中的【浏览】，选择已定义好的带属性的图块。

3）设置插入点、缩放比例和旋转角度。

4）单击【确定】按钮，然后根据命令行提示，输入所需要的文本信息即可。

习　　题

1. 根据实际尺寸按 1∶1 比例绘制图 3.76 所示图形，并标注尺寸。

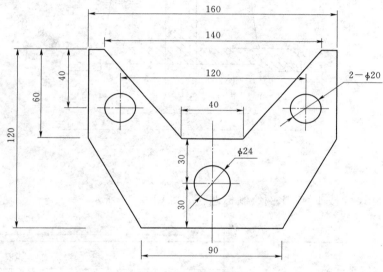

图 3.76　标注图例 1

2. 根据实际尺寸按 1∶1 比例绘制图 3.77 所示图形，并标注尺寸。

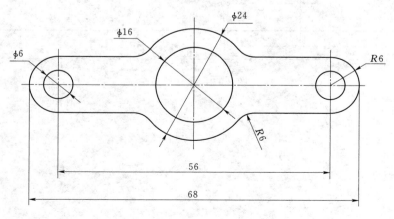

图 3.77　标注图例 2

3. 设置图形界限按 1∶1 绘制如图 3.78 所示的图形，建立尺寸标注层，设置合适的尺寸标注样式完成图形。

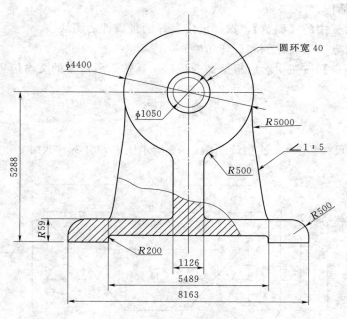

图 3.78 尺寸标注练习

4. 根据实际尺寸按 1∶1 比例绘制标题栏，如图 3.79 所示。

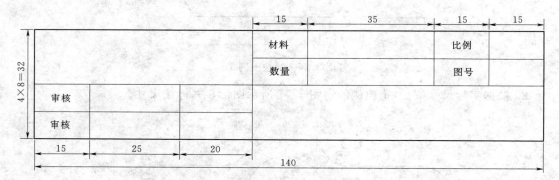

图 3.79 表格练习

第 4 章

三维对象创建与编辑

知识目标：

　　了解 CAD 三维绘图常规视图设置；掌握三维实体的创建与编辑方法；掌握布尔运算技巧；掌握由三维实体转化三视图的绘制方法；理解材质、贴图、渲染等概念。

技能目标：

　　能独立创建三维建筑实体；能根据工程实际情况进行三维渲染工作。

4.1　水闸闸室三维实体绘制

　　水闸是一种低水头的水工建筑物，在水利工程中非常常见。图 4.1 是某水闸的平面图，根据平面图以 1∶1 比例创建三维水工实体模型，以西南轴测视口显示模型，最终成果如图 4.2 所示。

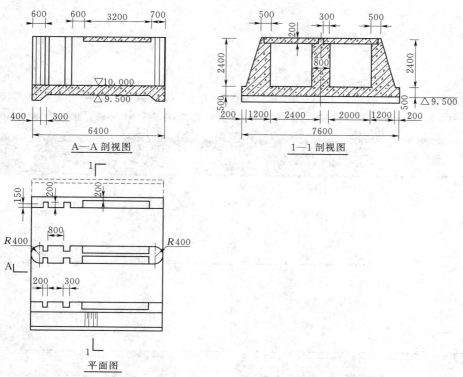

图 4.1　某水闸的平面图

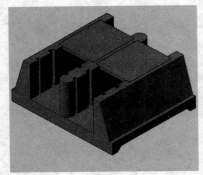

图 4.2　水闸三维实体图

4.1.1　案例分析

该建筑实体主要由底板、中墩、边墩和盖板 4 部分组成。每个组成部分建模好后，再用实体编辑命令进行对正和组装。三维建模的难点在于视角的变换以及特征平面视图的获取。

4.1.2　实施步骤

1. 视图视口的准备

在建筑制图中，表达一个建筑实体通常用三视图，故在进行三维实体建模之前，进行视口布置是非常必要的，根据建筑实体复杂程度不同，需要的视口个数不同，通常采用四个视口，视口布置操作如图 4.3 所示。

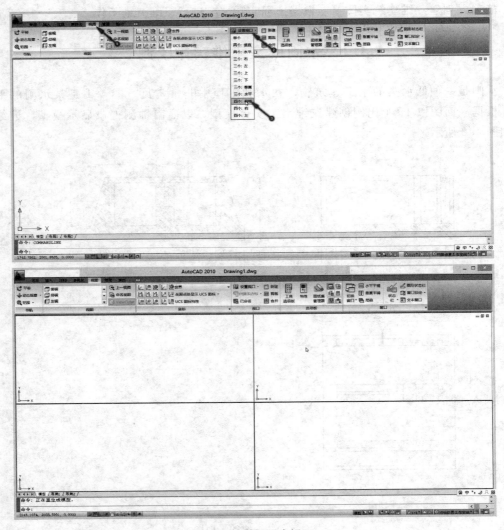

图 4.3　设置四个视口

按照三视图的规律，用鼠标左键单击第一个视口，然后单击【视图】工具栏，选取【前视】选项，如图 4.4 所示，同理，依次设置二视口、三视口、四视口为【左视】【俯视】和【西南轴测】，为了显示建筑实体绘制是否成功，第四视口建议采用【灰度视觉样式】，具体操作如图 4.5 所示，最终设置效果如图 4.6 所示。

　　2. 底板的创建

　　对于非曲面形状的建筑实体，三维实体绘制的方法基本如下：先绘制该实体的典型平面图，再在典型图的基础上，进行拉伸命令，就可以得到三维实体。本实例闸室底板典型平面图如图 4.7 所示。

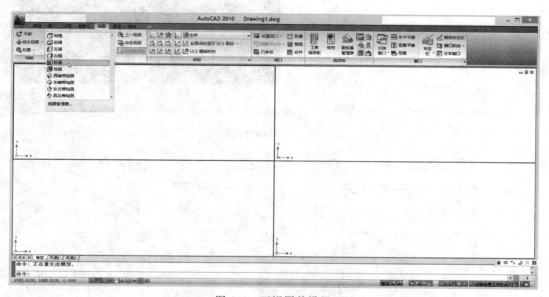

图 4.4　正视图的设置

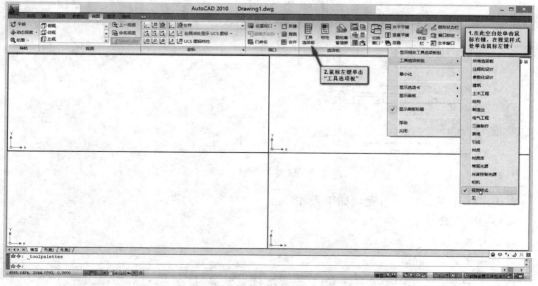

图 4.5　四个视图的设置

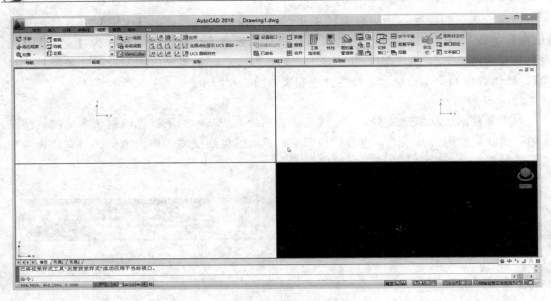

图 4.6 四个视图的设置

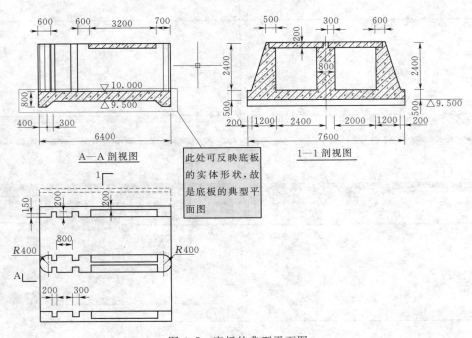

图 4.7 底板的典型平面图

单击第一个视口，然后完成如下操作：

命令：PLINE 或 pl

指定起点：

当前线宽为 0.0000

指定下一个点或[圆弧(A)/半宽(H)/长度(L)/放弃(U)/宽度(W)]:3200

指定下一点或[圆弧(A)/闭合(C)/半宽(H)/长度(L)/放弃(U)/宽度(W)]:800

指定下一点或［圆弧（A）/闭合（C）/半宽（H）/长度（L）/放弃（U）/宽度（W）］:400

指定下一点或［圆弧（A）/闭合（C）/半宽（H）/长度（L）/放弃（U）/宽度（W）］:@300,300

指定下一点或［圆弧（A）/闭合（C）/半宽（H）/长度（L）/放弃（U）/宽度（W）］:2500

指定下一点或［圆弧（A）/闭合（C）/半宽（H）/长度（L）/放弃（U）/宽度（W）］:

命令:MIRROR 或 mi

选择对象:指定对角点:找到 1 个

选择对象:指定镜像线的第一点:指定镜像线的第二点:

要删除源对象吗?［是（Y）/否（N）］＜N＞:

命令:REGION 或 reg

选择对象:指定对角点:找到 2 个

选择对象:

已提取 1 个环。

已创建 1 个面域。

命令:EXTRUDE 或 ext

当前线框密度:ISOLINES＝4

选择要拉伸的对象:找到 1 个

选择要拉伸的对象:

指定拉伸的高度或［方向（D）/路径（P）/倾斜角（T）］:7600;

底板绘制成功,效果如图 4.8 所示。

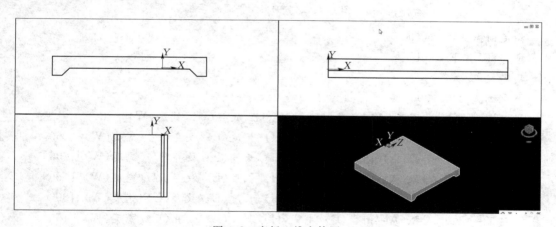

图 4.8　底板三维实体图

3. 中墩的创建

本实例闸室中墩典型平面如图 4.9 所示。

鼠标左键单击第三个视口,然后完成如下操作:

命令:ARC 或 a

指定圆弧的起点或［圆心（C）］:

指定圆弧的第二个点或［圆心（C）/端点（E）］:e

指定圆弧的端点:800

指定圆弧的圆心或［角度（A）/方向（D）/半径（R）］:r

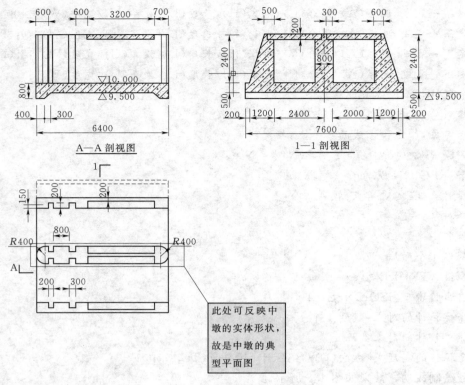

图 4.9 中墩的典型平面图

指定圆弧的半径:400

命令:PLINE 或 pl

指定起点:

当前线宽为 0.0000

指定下一个点或[圆弧(A)/半宽(H)/长度(L)/放弃(U)/宽度(W)]:200

指定下一点或[圆弧(A)/闭合(C)/半宽(H)/长度(L)/放弃(U)/宽度(W)]:150

指定下一点或[圆弧(A)/闭合(C)/半宽(H)/长度(L)/放弃(U)/宽度(W)]:200

指定下一点或[圆弧(A)/闭合(C)/半宽(H)/长度(L)/放弃(U)/宽度(W)]:150

指定下一点或[圆弧(A)/闭合(C)/半宽(H)/长度(L)/放弃(U)/宽度(W)]:800

指定下一点或[圆弧(A)/闭合(C)/半宽(H)/长度(L)/放弃(U)/宽度(W)]:150

指定下一点或[圆弧(A)/闭合(C)/半宽(H)/长度(L)/放弃(U)/宽度(W)]:300

指定下一点或[圆弧(A)/闭合(C)/半宽(H)/长度(L)/放弃(U)/宽度(W)]:150

指定下一点或[圆弧(A)/闭合(C)/半宽(H)/长度(L)/放弃(U)/宽度(W)]:4100

指定下一点或[圆弧(A)/闭合(C)/半宽(H)/长度(L)/放弃(U)/宽度(W)]:

命令:MIRROR 或 mi

选择对象:指定对角点:找到 1 个

选择对象:指定镜像线的第一点:指定镜像线的第二点:

要删除源对象吗?[是(Y)/否(N)]<N>:

命令:a

指定圆弧的起点或[圆心(C)]:

指定圆弧的第二个点或[圆心(C)/端点(E)]:e

指定圆弧的端点:

指定圆弧的圆心或[角度(A)/方向(D)/半径(R)]:r

指定圆弧的半径:400

命令:reg

选择对象:指定对角点:找到 4 个

选择对象:

已提取 1 个环。

已创建 1 个面域。

命令:ext

当前线框密度:ISOLINES=4

选择要拉伸的对象:指定对角点:找到 1 个

选择要拉伸的对象:

指定拉伸的高度或[方向(D)/路径(P)/倾斜角(T)]<7600.0000>:2400

中墩绘制成功,效果如图 4.10 所示。

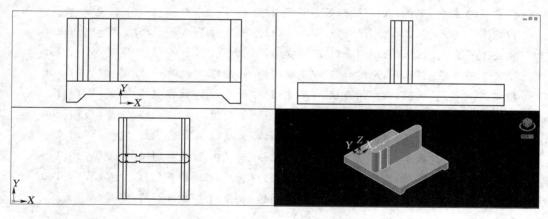

图 4.10 底板+中墩三维实体图

4. 边墩的创建

本实例闸室边墩典型平面如图 4.11 所示。

边墩与中墩有所不同,它的形状由两面视图决定,故在建筑实体绘制过程需要用到布尔操作。单击第三个视口,然后完成如下操作:

命令:pl

指定起点:

当前线宽为 0.0000

指定下一个点或[圆弧(A)/半宽(H)/长度(L)/放弃(U)/宽度(W)]:1400

指定下一点或[圆弧(A)/闭合(C)/半宽(H)/长度(L)/放弃(U)/宽度(W)]:600

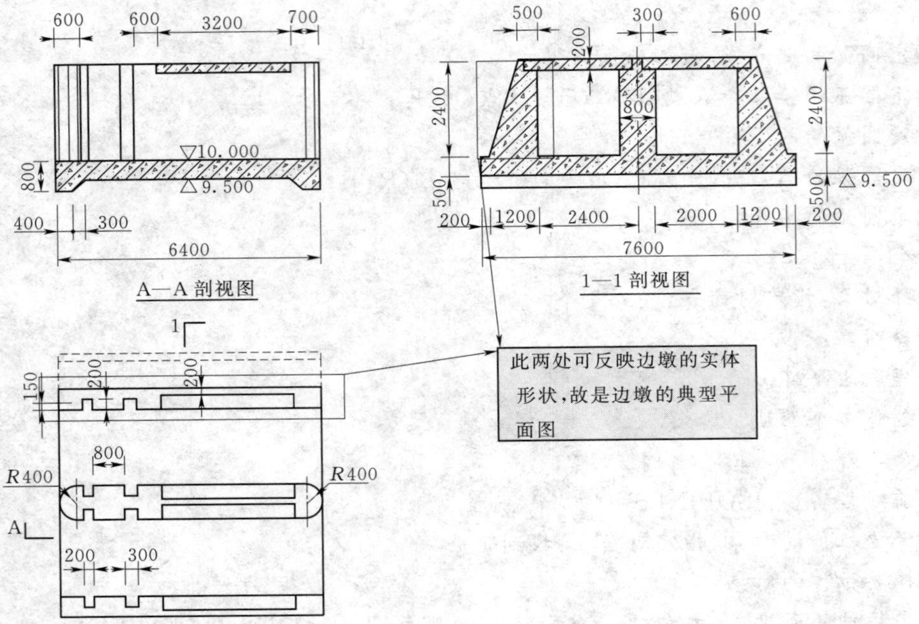

图 4.11 边墩的典型平面图

指定下一点或[圆弧(A)/闭合(C)/半宽(H)/长度(L)/放弃(U)/宽度(W)]:150

指定下一点或[圆弧(A)/闭合(C)/半宽(H)/长度(L)/放弃(U)/宽度(W)]:200

指定下一点或[圆弧(A)/闭合(C)/半宽(H)/长度(L)/放弃(U)/宽度(W)]:150

指定下一点或[圆弧(A)/闭合(C)/半宽(H)/长度(L)/放弃(U)/宽度(W)]:800

指定下一点或[圆弧(A)/闭合(C)/半宽(H)/长度(L)/放弃(U)/宽度(W)]:150

指定下一点或[圆弧(A)/闭合(C)/半宽(H)/长度(L)/放弃(U)/宽度(W)]:300

指定下一点或[圆弧(A)/闭合(C)/半宽(H)/长度(L)/放弃(U)/宽度(W)]:150

指定下一点或[圆弧(A)/闭合(C)/半宽(H)/长度(L)/放弃(U)/宽度(W)]:4500

指定下一点或[圆弧(A)/闭合(C)/半宽(H)/长度(L)/放弃(U)/宽度(W)]:1400

指定下一点或[圆弧(A)/闭合(C)/半宽(H)/长度(L)/放弃(U)/宽度(W)]:c

命令:reg

选择对象:指定对角点:找到 1 个

选择对象:

已提取 1 个环。

已创建 1 个面域。

命令:ext

当前线框密度:ISOLINES=4

选择要拉伸的对象:指定对角点:找到 1 个

选择要拉伸的对象:

指定拉伸的高度或[方向(D)/路径(P)/倾斜角(T)]<2400.0000>:2400

鼠标左键单击第二个视口,接着完成如下操作:

命令:pl

指定起点:

当前线宽为 0.0000

指定下一个点或[圆弧(A)/半宽(H)/长度(L)/放弃(U)/宽度(W)]:200

指定下一点或[圆弧(A)/闭合(C)/半宽(H)/长度(L)/放弃(U)/宽度(W)]:2400

指定下一点或[圆弧(A)/闭合(C)/半宽(H)/长度(L)/放弃(U)/宽度(W)]:900

指定下一点或[圆弧(A)/闭合(C)/半宽(H)/长度(L)/放弃(U)/宽度(W)]:c

命令:reg

选择对象:指定对角点:找到 1 个

选择对象:

已提取 1 个环。

已创建 1 个面域。

命令:ext

EXTRUDE

当前线框密度:ISOLINES=4

选择要拉伸的对象:找到 1 个

选择要拉伸的对象:

指定拉伸的高度或[方向(D)/路径(P)/倾斜角(T)]<2400.0000>:6400

边墩绘制成功,效果如图 4.12 所示。

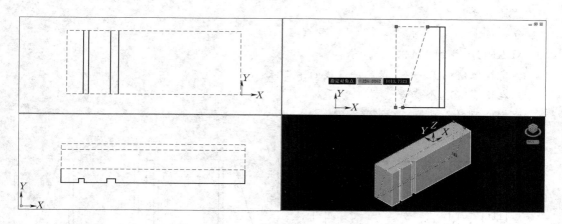

图 4.12 边墩初步三维实体

想要得到最终的边墩三维实体,还必须进行最后的布尔操作。由于 AutoCAD 2010 版本中初始工作空间二维功能和三维功能是分开布置的,故要切换到三维空间,具体切换如图 4.13 所示。

布尔操作和镜像操作如下:

命令:

命令:_subtract 选择要从中减去的实体、曲面和面域...

选择对象:找到 1 个

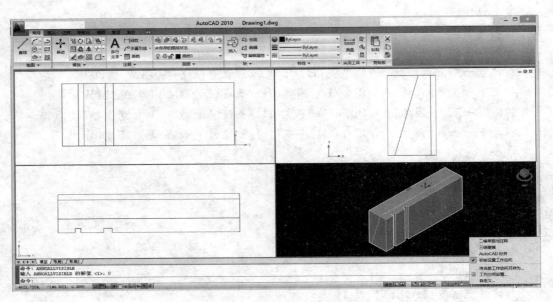

图 4.13　不同工作空间之间的切换

选择对象：

选择要减去的实体、曲面和面域…

选择对象：找到 1 个

选择对象：

命令：mi

MIRROR 找到 1 个

指定镜像线的第一点：指定镜像线的第二点：

正在检查 561 个交点…

要删除源对象吗？［是（Y）/否（N）］＜N＞：

边墩三维实体图如图 4.14 所示。

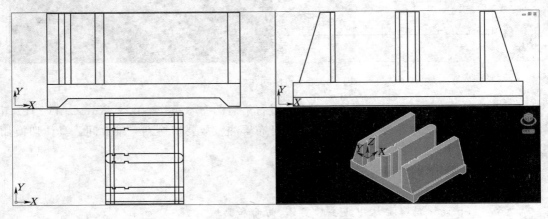

图 4.14　边墩三维实体图

5. 盖板的创建

盖板就是一个长方体，在 AutoCAD 三维建模体系中，常见的几何体可以直接创建。单击第二个视口，然后完成如下操作：

命令：_box

指定第一个角点或［中心（C）］：

指定其他角点或［立方体（C）/长度（L）］：l

指定长度：2600

指定宽度：200

指定高度或［两点（2P）］＜6400.0000＞：3200

命令：_mirror3d

选择对象：找到 1 个

选择对象：

指定镜像平面（三点）的第一个点或

［对象（O）/最近的（L）/Z 轴（Z）/视图（V）/XY 平面（XY）/YZ 平面（YZ）/ZX 平面（ZX）/三点（3）］＜三点＞：

在镜像平面上指定第二点：

在镜像平面上指定第三点：

是否删除源对象？［是（Y）/否（N）］＜否＞：

水闸三维实体如图 4.15 所示。

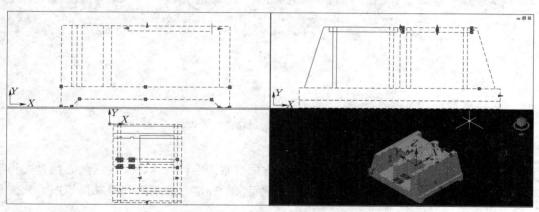

图 4.15　水闸三维实体图

6. 实体的合成

目前水闸实体图还不是一个整体，需要采用布尔命令进行合成，具体操作如下：

命令：_union

选择对象：指定对角点：找到 6 个

合成后的水闸三维实体如图 4.16 所示。

4.1.3　知识链接

1. 三维视图的设置

要进行三维绘图，首先要掌握观看三维视图的方法，以便在绘图过程中随时掌握绘图

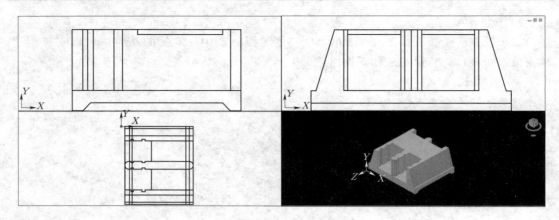

图 4.16　合成后的水闸三维实体图

信息，并可以调整好视图效果后进行出图。

（1）视口。

视口是显示用户模型的不同视图的区域。使用【模型】选项卡，可以将绘图区域拆分成一个或多个相邻的矩形视图，称为模型空间视口。在大型或复杂的图形中，显示不同的视图可以缩短在单一视图中缩放或平移的时间。而且，在一个视图中出现的错误可能会在其他视图中表现出来。

AutoCAD 2010 默认的模型空间视口设置方式如图 4.17 所示。

图 4.17　默认的视口设置方式

（2）视图。

在绘制三维图形过程中，常常要从不同方向观察图形，快速设置视图的方法是选择预定义的三维视图。可以根据名称或说明选择预定义的标准正交视图和等轴测视图。软件预设的视图模式如图 4.18 所示。

图 4.18　预设的视图模式

如果你想创建特定的视图模式，可以通过视图管理器进行创建，视图管理器如图 4.19 所示。

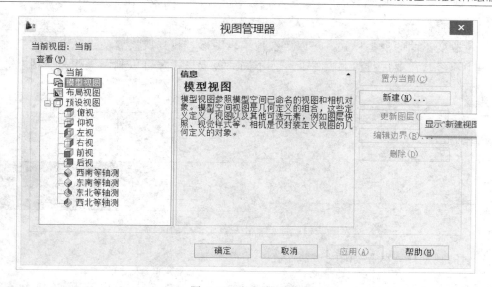

图 4.19 视图管理器

（3）三维动态观察器。

三维动态观察器使用户能够通过单击和拖动定点设备来控制在三维空间中交互式查看三维对象，在启动命令之前可以查看整个图形，或者选择一个或多个对象。启动三维动态观察器如图 4.20 所示。

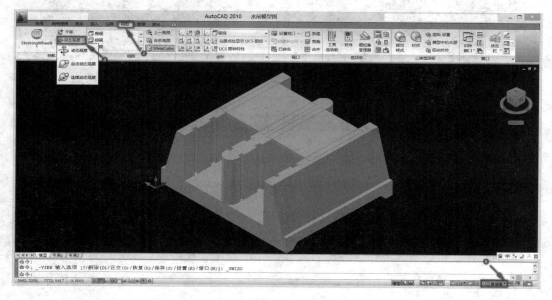

图 4.20 启动三维动态观察器

动态观察有三种选项按钮：①动态观察：沿 XY 平面或 Z 轴约束三维动态观察仅限于水平动态观察和垂直动态观察；②自由动态观察：不参照平面，在任意方向上进行动态观察；③连续动态观察：连续地进行动态观察。在要使连续动态观察移动的方向上单击并拖动，然后松开鼠标按钮。动态观察沿该方向继续移动。

（4）视觉样式。

通过改变不同的视觉样式，可以更快地编辑图形，找到所需要的点。尤其在三维建模的过程中，经常需要进行面域操作命令，不同的视觉样式，可以判断操作是否成功，如图4.21所示。

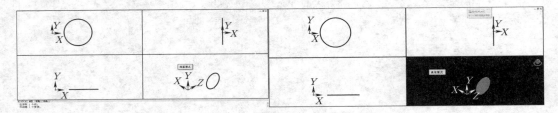

图 4.21　线框模式与真实模式的区别

不同的视觉样式效果如图 4.22 所示。

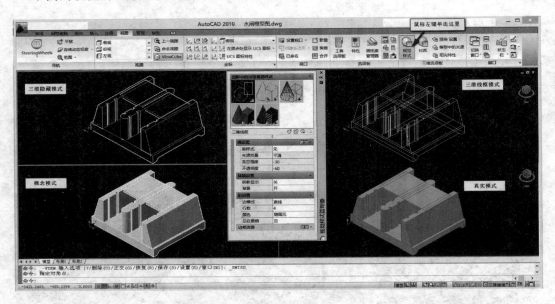

图 4.22　不同视觉样式效果

2. 三维实体的创建

（1）基本三维实体的创建。

基本几何实体包括长方体、球体、圆柱体、圆锥体、棱锥体、楔体和圆环，调用基本几何实体绘图命令如图 4.23 所示。

1）长方体的绘制。

创建长 320mm，宽 260mm，高 20mm 的长方体，如图 4.24 所示。

具体操作如下：

命令：box

指定第一个角点或[中心（C）]：

指定其他角点或[立方体（C）/长度（L）]：l

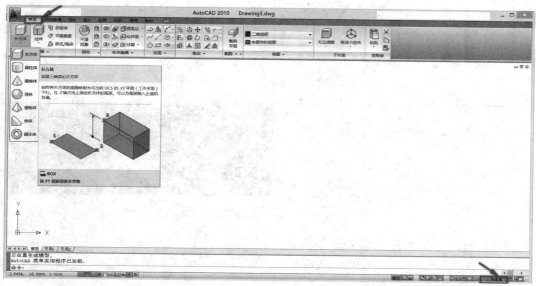

图 4.23　基本几何实体绘图命令调用

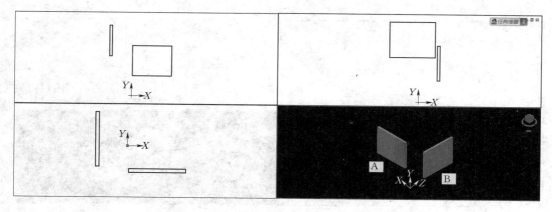

图 4.24　长方体的绘制

指定长度:＜正交 开＞ 320

指定宽度:260

指定高度或[两点(2P)]:20

注意:图中 A、B 两个长方体都是用上面的命令绘制成功,长、宽、高分别对应的是视口中的 X 轴、Y 轴、Z 轴,如果输入正值,则沿坐标轴的正方向绘制,如果输入负值,则沿坐标轴的反方向绘制。A 图是在第二视口中绘制,B 图是在第一视口中绘制。

2) 棱锥体的绘制。

创建底面边长 400mm,高 500mm 的四棱锥体,如图 4.25 所示。

具体操作如下:

命令:pyramid

指定底面的中心点或[边(E)/侧面(S)]:e

指定边的第一个端点:

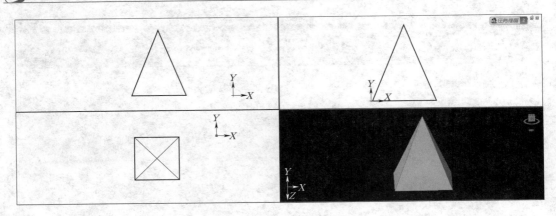

图 4.25 棱锥体的绘制

指定边的第二个端点:400

指定高度或[两点(2P)/轴端点(A)/顶面半径(T)]:500

3）楔体的绘制。

创建底面边长 400mm，宽 300mm，高 500mm 的楔体，如图 4.26 所示。

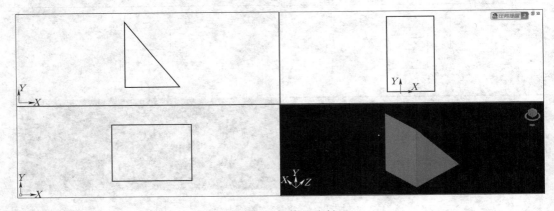

图 4.26 楔体的绘制

具体操作如下:

命令:wedge

指定第一个角点或[中心(C)]:

指定其他角点或[立方体(C)/长度(L)]:L

指定长度:400

指定宽度:300

指定高度或[两点(2P)]:500

4）圆柱体的绘制。

创建底面半径 300mm，高 600mm 的圆柱体，如图 4.27 所示。

具体操作如下:

命令:cylinder

指定底面的中心点或[三点(3P)/两点(2P)/切点、切点、半径(T)/椭圆(E)]:

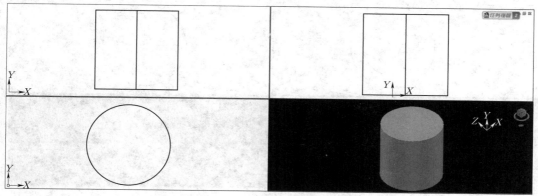

图 4.27 圆柱体的绘制

指定底面半径或[直径(D)]:300

指定高度或[两点(2P)/轴端点(A)]:600

5）圆锥体的绘制。

创建底面半径 300mm，高 600mm 的圆锥体，如图 4.28 所示。

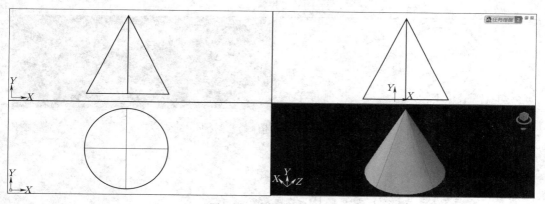

图 4.28 圆锥体的绘制

具体操作如下：

命令:cone

指定底面的中心点或[三点(3P)/两点(2P)/切点、切点、半径(T)/椭圆(E)]:

指定底面半径或[直径(D)]:300

指定高度或[两点(2P)/轴端点(A)/顶面半径(T)]:600

6）球体的绘制。

创建半径为 300mm 的球体，如图 4.29 所示。

具体操作如下：

命令:sphere

指定中心点或[三点(3P)/两点(2P)/切点、切点、半径(T)]:

指定半径或[直径(D)]:300

7）圆环体的绘制。

创建圆环半径为 300mm，圆管半径为 50mm 的圆环体，如图 4.30 所示。

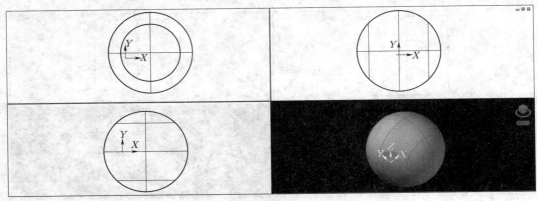

图 4.29　球体的绘制

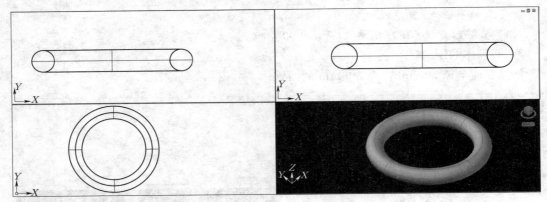

图 4.30　圆环体的绘制

具体操作如下：

命令：torus

指定中心点或[三点(3P)/两点(2P)/切点、切点、半径(T)]：

指定半径或[直径(D)]：300

指定圆管半径或[两点(2P)/直径(D)]：50

(2) 二维图形转换三维实体的创建。

在建筑实体三维建模中，只靠上述几种基本几何实体的组合，有时无法满足建模需求，尤其在已有二维平面图形、已知曲面立体轮廓线的情况下，或立体包含圆角以及用其他普通剖面很难制作的细部图形时，通过二维图形产生三维实体非常方便，调用二维图形产生三维实体命令如图 4.31 所示。

图 4.31　调用二维图形产生三维实体命令

1）拉伸。

通过拉伸将二维图形绘制成三维实体时，该二维图形必须是一个封闭的二维对象或由封闭曲线构成的面域，并且拉伸的路径必须是一条多段线。若拉伸的路径是由多条曲线连接而成的曲线时，则必须采用【编辑多段线】命令将其转化为一条多段线，调用【编辑多段线】命令如图 4.32 所示。

图 4.32 调用【编辑多段线】命令

可作为拉伸对象的二维图形有：圆、椭圆、用正多边形命令绘制的正多边形、用矩形命令绘制的矩形、封闭的样条曲线、封闭的多义线等。而利用直线、圆弧等命令绘制的一般闭合图形则不能直接进行拉伸，此时用户需要将其定义为面域。

拉伸图 4.33（a）所示的平面图形，使之变成图 4.33（b）所示的三维模型。

（a）拉伸前二维平面

（b）拉伸后三维实体

图 4.33 拉伸实例图

具体操作如下：

命令：reg

选择对象：指定对角点：找到 1 个

选择对象：

已提取 1 个环。

已创建 1 个面域。

命令：ext

当前线框密度：ISOLINES＝4

选择要拉伸的对象：找到 1 个

选择要拉伸的对象：

指定拉伸的高度或[方向(D)/路径(P)/倾斜角（T）]：100

在拉伸的过程中，有 4 种拉伸方式：

a）指定拉伸高度：指定拉伸的高度，为默认项。如果输入正值，则沿对象所在坐标系的 Z 轴正向拉伸对象。如果输入负值，则沿 Z 轴的负方向拉伸对象。

b）方向（D）：指定起点和端点，从而确定拉伸的方向和长度。

c）路径（P）：选择基于指定曲线对象的拉伸路经。AutoCAD 沿着选定路经拉伸选定对象的轮廓创建实体，拉伸的路经可以是直线、圆、圆弧、椭圆、椭圆弧、多段线或样条曲线。路经既不能与轮廓共面，形状也不应在轮廓平面上，否则，AutoCAD 将移动路经到轮廓的中心，将二维轮廓按指定路经拉伸成的三维实体模型。

d）倾斜角（T）：正角度表示从基准对象逐渐变细地拉伸，而负角度则表示从基准对象逐渐变粗地拉伸，0 则指粗细不变。角度允许的范围是−90°～+90°。拉伸角度对实体的影响如图 4.34 所示。

（a）倾斜角度为零　　　　　　（b）倾斜角度为正　　　　　　（c）倾斜角度为负

图 4.34　拉伸角度对实体的影响

2）旋转。

可以旋转闭合多段线、多边形、圆、椭圆、闭合样条曲线、圆环和面域成为三维立体模型。可以将一个闭合对象绕当前 UCS X 轴或 Y 轴旋转一定的角度生成实体。也可以绕直线、多段线或两个指定的点旋转对象。由二维图形旋转而成的拱坝实体如图 4.35 所示。

图 4.35　旋转二维图形绘制拱坝实体

具体操作如下：

命令：revolve

当前线框密度：ISOLINES＝4

选择要旋转的对象：找到 1 个

选择要旋转的对象：

指定轴起点或根据以下选项之一定义轴[对象(O)/X/Y/Z] ＜对象＞：

指定轴端点：

指定旋转角度或[起点角度(ST)] ＜360＞：−66

在旋转操作过程中，涉及如下选项：

a）指定轴起点：指定确定旋转轴的第一个点。轴的正方向从第一个点指向第二个点。

b）指定轴端点：指定确定旋转轴的第二个点。

c）对象（O）：选择第一直线或多段线中的单条线段来定义轴，要旋转对象将绕这个轴旋转。轴的正方向是从该直线上的最近端点指向最远端点。

    d）X：使用当前 UCS 的正向 X 轴作为旋转轴的正方向。

    e）Y：使用当前 UCS 的正向 Y 轴作为旋转轴的正方向。

    f）Z：使用当前 UCS 的正向 Z 轴作为旋转轴的正方向。

    g）指定旋转角度<360>：以指定的角度旋转独立面域，默认为 360°。

    3）放样。

通过放样的方法可以将一系列闭合的横截面用来创建出新的实体，用这种方法创建极不规则的形体时比较方便，如水利工程中常见的进出口变截面导墙。水闸出口导墙如图 4.36 所示。

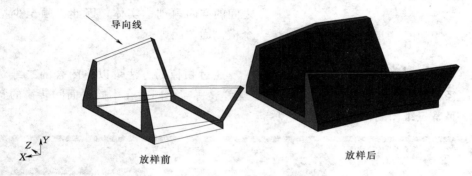

图 4.36　水闸出口导墙

具体操作如下：

命令:loft

按放样次序选择横截面：

按放样次序选择横截面:找到 1 个

按放样次序选择横截面：

按放样次序选择横截面:找到 1 个,总计 2 个

按放样次序选择横截面：

输入选项[导向(G)/路径(P)/仅横截面(C)]<仅横截面>:g

选择导向曲线：

选择导向曲线:找到 1 个

选择导向曲线:找到 1 个,总计 2 个

选择导向曲线:找到 1 个,总计 3 个

选择导向曲线:找到 1 个,总计 4 个

……

选择导向曲线:找到 1 个,总计 10 个

选择导向曲线：

在放样操作过程中，有 3 种放样模式：

    a）导向（G）：指定控制放样实体或曲面形状的导向曲线。导向曲线可以是直线或曲线，但每条导向线必须始于第一个横截面，止于最后一个横截面，且必须与每个横截面相交才能进行放样。

图 4.37　【放样设置】对话框

b）路径（P）：通过指定放样实体路径的方法创建放样实体，但用作路径的曲线必须与横截面的所有平面相交。

c）仅横截面（C）：打开【放样设置】对话框进行参数设置，如图 4.37 所示。

注意：放样的横截面可以是开放的（如曲线、直线、圆弧），也可以是闭合的（如正方形、圆等），如果对一组开放的横截面曲线进行放样，则生成表面模型。由于放样是在横截面之间的空间内创建实体，因此必须至少指定两个横截面才能进行。

4）扫掠。

通过扫掠的方法可以将闭合的二维对象沿指定的路径创建出三维实体，用这种方法创建弹簧等需要同时在不同平面间转换的实体非常方便。弹簧三维图制作如图 4.38 所示。

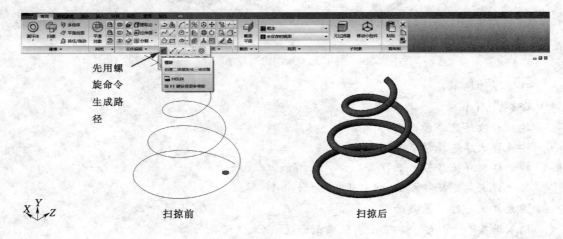

先用螺旋命令生成路径

扫掠前　　　　　　　　　　　　扫掠后

图 4.38　弹簧三维制作

具体操作如下：

首先绘制螺旋和要进行扫掠的小圆：

命令：Helix

圈数 ＝ 3.0000　　扭曲＝CCW

指定底面的中心点：

指定底面半径或[直径(D)]:1000

指定顶面半径或[直径(D)]＜1000.0000＞:300

指定螺旋高度或[轴端点(A)/圈数(T)/圈高(H)/扭曲(W)]＜500.0000＞:2000

命令:指定对角点：

命令:c

指定圆的圆心或[三点(3P)/两点(2P)/切点、切点、半径(T)]:

指定圆的半径或[直径(D)]<50.0000>:

命令:reg

选择对象:指定对角点:找到1个

选择对象:

已提取1个环。

已创建1个面域。

开始扫掠:

命令:sweep

当前线框密度:ISOLINES=4

选择要扫掠的对象:找到1个

选择要扫掠的对象:

选择扫掠路径或[对齐(A)/基点(B)/比例(S)/扭曲(T)]:

3. 三维实体的编辑

三维实体模型的一个重要功能是可以在两个以上的模型之间执行布尔运算命令,通过布尔运算可以进行多个简单三维实体求并、求差及求交等操作,从而创建出形状复杂的三维实体,这是创建三维实体使用频率非常高的一种手段。布尔运算包括并集、差集和交集3种运算命令,如图4.39所示。

图4.39　调用布尔运算命令

(1) 并集。

通过并集绘制组合体,首先需要创建基本实体,然后再通过基本实体的并集产生新的组合体。并集运算效果如图4.40所示。

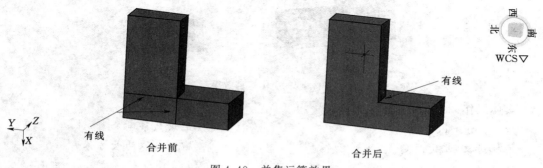

图4.40　并集运算效果

具体操作如下:

命令:union　　　　　　　　　　　　//启用并集命令⑩

选择对象:指定对角点:找到2个　　　//窗口选取两长方体

选择对象:　　　　　　　　　　　　//按Enter键

（2）差集。

和并集相类似，也可以通过差集创建组合面域或实体。通常用来绘制带有槽、孔等结构的组合体。差集运算效果如图 4.41 所示。

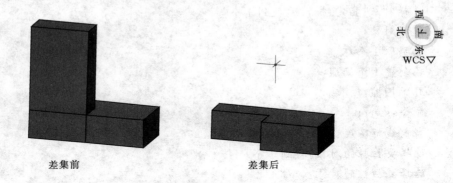

图 4.41　差集运算效果

具体操作如下：

命令：subtract

选择要从中减去的实体或面域…　　　　　　　　// 启用差集命令 ⬤⬤

选择对象：找到 1 个　　　　　　　　　　　　// 选择横放的长方体，按 Enter 键

选择要减去的实体或面域..

选择对象：找到 1 个　　　　　　　　　　　　// 选择立放的长方体，按 Enter 键

（3）交集。

和并集和交集一样，可以通过交集来产生多个面域或实体相交的部分。交集运算效果如图 4.42 所示。

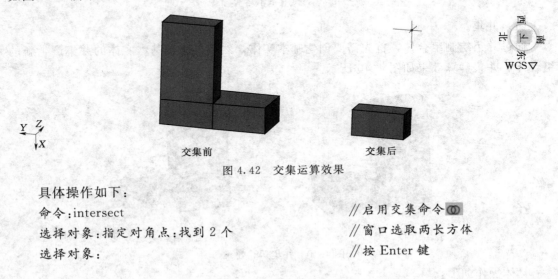

图 4.42　交集运算效果

具体操作如下：

命令：intersect　　　　　　　　　　　　　　// 启用交集命令 ⬤⬤

选择对象：指定对角点：找到 2 个　　　　　　// 窗口选取两长方体

选择对象：　　　　　　　　　　　　　　　　// 按 Enter 键

4.2　涵洞三维实体绘制

涵洞是一种过水建筑物，在水利、路桥工程中非常常见。图 4.43 为涵洞的平面图，根

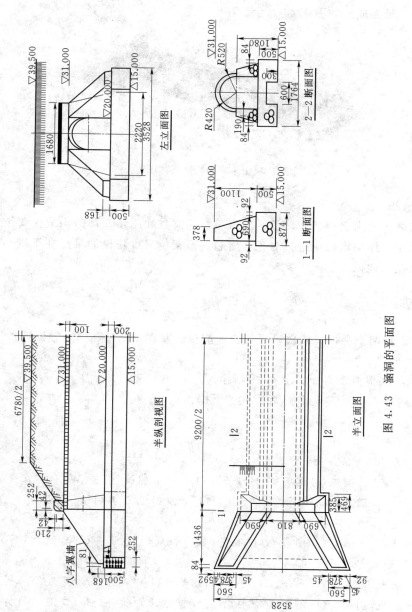

图 4.43 涵洞的平面图

据平面图以 1∶1 比例创建三维水工实体模型，以西南轴测视口显示模型，对实体模型附上混凝土材质，最终成果如图 4.44 所示。

图 4.44　涵洞的三维实体图

4.2.1　案例分析

　　该建筑实体主要由底板、进口段、出口段、涵洞身和压顶 5 部分组成。每个组成部分建模好后，再用实体编辑命令进行对正和组装。该案例三维建模的难点在于进、出口段的放样建模以及镜像建模。

4.2.2　实施步骤

　　1. 视图视口的准备

　　同 4.1，设置四个视口，依次设置视图为前视、左视、俯视和西南轴测图。

　　2. 底板的创建

　　本实例涵洞底板典型平面如图 4.45 所示。

　　鼠标左键单击第三个视口，然后完成如下操作：

命令:pl

指定起点:

当前线宽为 0.0000

指定下一个点或[圆弧(A)/半宽(H)/长度(L)/放弃(U)/宽度(W)]:<正交 开> 1264

　　指定下一点或[圆弧(A)/闭合(C)/半宽(H)/长度(L)/放弃(U)/宽度(W)]:<正交 关＞ @1436,－154

　　指定下一点或[圆弧(A)/闭合(C)/半宽(H)/长度(L)/放弃(U)/宽度(W)]:<正交 开＞ 469

　　指定下一点或[圆弧(A)/闭合(C)/半宽(H)/长度(L)/放弃(U)/宽度(W)]:228

　　指定下一点或[圆弧(A)/闭合(C)/半宽(H)/长度(L)/放弃(U)/宽度(W)]:4131

　　指定下一点或[圆弧(A)/闭合(C)/半宽(H)/长度(L)/放弃(U)/宽度(W)]:882

　　指定下一点或[圆弧(A)/闭合(C)/半宽(H)/长度(L)/放弃(U)/宽度(W)]:

　　命令:pl

　　指定起点:

　　当前线宽为 0.0000

　　指定下一个点或[圆弧(A)/半宽(H)/长度(L)/放弃(U)/宽度(W)]:300

　　指定下一点或[圆弧(A)/闭合(C)/半宽(H)/长度(L)/放弃(U)/宽度(W)]:4131

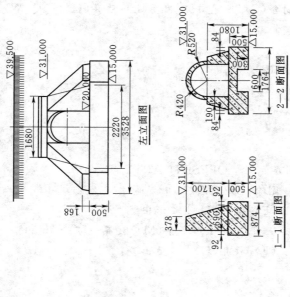

图 4.45 涵洞的底板典型平面图

指定下一点或[圆弧(A)/闭合(C)/半宽(H)/长度(L)/放弃(U)/宽度(W)]:28

指定下一点或[圆弧(A)/闭合(C)/半宽(H)/长度(L)/放弃(U)/宽度(W)]:

命令:l

LINE 指定第一点:

指定下一点或[放弃(U)]:560

指定下一点或[放弃(U)]:

指定下一点或[闭合(C)/放弃(U)]:

命令:o

OFFSET

当前设置:删除源＝否　图层＝源　OFFSETGAPTYPE＝0

指定偏移距离或[通过(T)/删除(E)/图层(L)]＜通过＞:252

选择要偏移的对象,或[退出(E)/放弃(U)]＜退出＞:

指定要偏移的那一侧上的点,或[退出(E)/多个(M)/放弃(U)]＜退出＞:

选择要偏移的对象,或[退出(E)/放弃(U)]＜退出＞:

命令:tr

当前设置:投影＝UCS,边＝无

选择剪切边 ...

选择对象或 ＜全部选择＞:指定对角点:找到 2 个

选择对象:

选择要修剪的对象,或按住 Shift 键选择要延伸的对象,或

[栏选(F)/窗交(C)/投影(P)/边(E)/删除(R)/放弃(U)]:

命令:mi

MIRROR

选择对象:指定对角点:找到 2 个

选择对象:指定镜像线的第一点:指定镜像线的第二点:

要删除源对象吗?[是(Y)/否(N)]＜N＞:

底板的典型平面图如图 4.46 所示。

继续完成如下操作:

命令:reg

REGION

选择对象:找到 1 个

选择对象:找到 1 个,总计 2 个

选择对象:找到 1 个,总计 3 个

选择对象:

已提取 1 个环。

已创建 1 个面域。

命令:REGION

选择对象:找到 1 个

选择对象:找到 1 个,总计 2 个

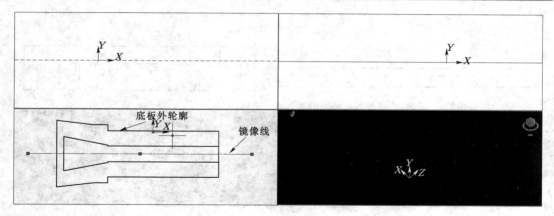

图 4.46　底板典型平面图

选择对象:找到 1 个,总计 3 个

选择对象:

已提取 1 个环。

已创建 1 个面域。

命令:ext

EXTRUDE

当前线框密度:ISOLINES=4

选择要拉伸的对象:找到 1 个

选择要拉伸的对象:

指定拉伸的高度或[方向(D)/路径(P)/倾斜角(T)]:500

命令:

EXTRUDE

当前线框密度:ISOLINES=4

选择要拉伸的对象:找到 1 个

选择要拉伸的对象:

指定拉伸的高度或[方向(D)/路径(P)/倾斜角(T)]＜500.0000＞:300

命令:_subtract 选择要从中减去的实体、曲面和面域...

选择对象:找到 1 个

选择对象:选择要减去的实体、曲面和面域...

选择对象:找到 1 个

底板绘制成功,效果如图 4.47 所示。

3. 进 (出) 口边墙的创建

本实例进口边墙典型断面如图 4.48 所示。

鼠标左键单击第二个视口,然后完成如下操作:

命令:l

LINE 指定第一点:

指定下一点或[放弃(U)]:423

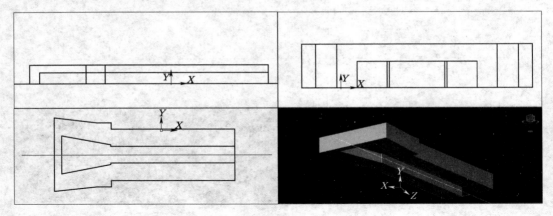

图 4.47　底板三维实体图

指定下一点或[放弃(U)]:168

指定下一点或[闭合(C)/放弃(U)]:378

指定下一点或[闭合(C)/放弃(U)]:

指定下一点或[闭合(C)/放弃(U)]:

命令:l

LINE 指定第一点:

指定下一点或[放弃(U)]:3528/2

指定下一点或[放弃(U)]:

命令:l

LINE 指定第一点:

指定下一点或[放弃(U)]:1110

指定下一点或[放弃(U)]:

命令:l

LINE 指定第一点:

指定下一点或[放弃(U)]:690

指定下一点或[放弃(U)]:1100

指定下一点或[闭合(C)/放弃(U)]:378

指定下一点或[闭合(C)/放弃(U)]:

指定下一点或[闭合(C)/放弃(U)]:

命令:reg

REGION

选择对象:指定对角点:找到 4 个

选择对象:

已提取 1 个环。

已创建 1 个面域。

命令:REGION

选择对象:指定对角点:找到 4 个

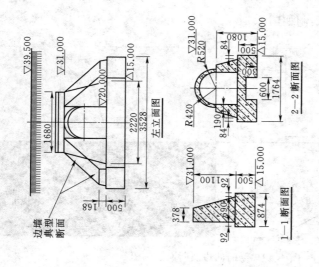

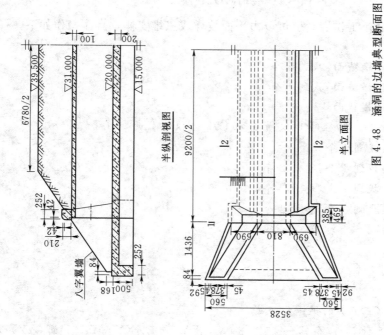

图 4.48 涵洞的边墙典型断面图

选择对象：

已提取1个环。

已创建1个面域。

放样前边墙典型断面图绘制如图4.49所示。

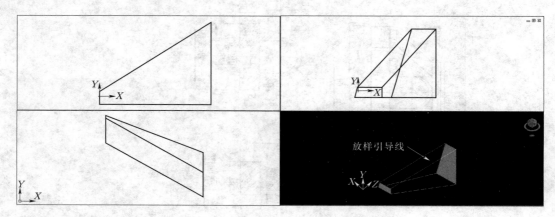

图4.49　涵洞的边墙断面绘制图

做好放样前期准备工作后，就可以由平面放样成三维实体，具体操作如下：

命令：loft

按放样次序选择横截面：找到1个

按放样次序选择横截面：找到1个，总计2个

按放样次序选择横截面：

输入选项[导向(G)/路径(P)/仅横截面(C)]＜仅横截面＞：G

选择导向曲线：找到1个

选择导向曲线：找到1个，总计2个

选择导向曲线：找到1个，总计3个

选择导向曲线：找到1个，总计4个

选择导向曲线：

命令：mirror3d

选择对象：找到1个

选择对象：

指定镜像平面（三点）的第一个点或

[对象(O)/最近的(L)/Z轴(Z)/视图(V)/XY平面(XY)/YZ平面(YZ)/ZX平面(ZX)/三点(3)]＜三点＞：

在镜像平面上指定第二点：在镜像平面上指定第三点：

要删除源对象吗？[是(Y)/否(N)]＜N＞：

放样后生成的涵洞边墙实体图如图4.50所示。

4. 涵洞身的创建

本实例涵洞身典型平面图如图4.51所示。

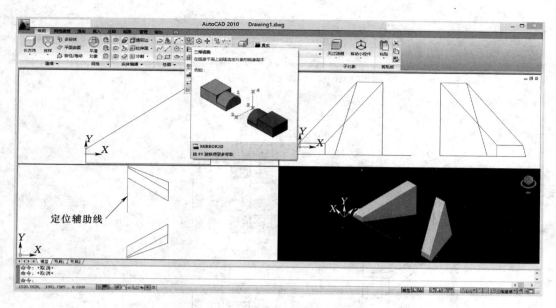

图 4.50　涵洞的边墙实体图

鼠标左键单击第二个视口，然后完成如下操作：

命令:l

LINE 指定第一点：

指定下一点或[放弃(U)]:378

指定下一点或[放弃(U)]:580

指定下一点或[闭合(C)/放弃(U)]:190

指定下一点或[闭合(C)/放弃(U)]:c

命令:o

OFFSET

当前设置:删除源=否　图层=源　OFFSETGAPTYPE=0

指定偏移距离或[通过(T)/删除(E)/图层(L)]<92.0000>:420

选择要偏移的对象,或[退出(E)/放弃(U)]<退出>:

指定要偏移的那一侧上的点,或[退出(E)/多个(M)/放弃(U)]<退出>:

选择要偏移的对象,或[退出(E)/放弃(U)]<退出>:

命令:mi

MIRROR

选择对象:指定对角点:找到 4 个

选择对象:指定镜像线的第一点:指定镜像线的第二点:

要删除源对象吗? [是(Y)/否(N)]<N>:

命令:a

ARC 指定圆弧的起点或[圆心(C)]:

指定圆弧的第二个点或[圆心(C)/端点(E)]:c

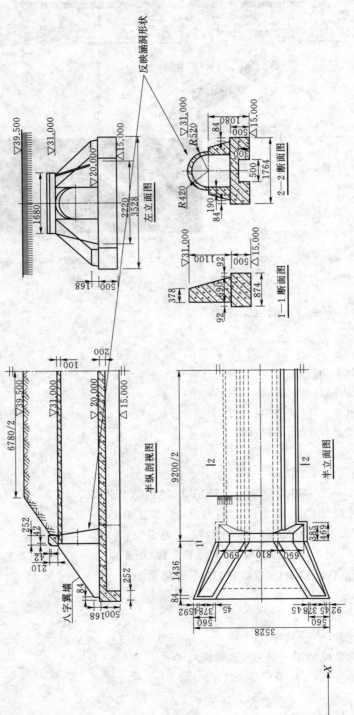

图 4.51 涵洞洞身典型平面图

指定圆弧的圆心：

指定圆弧的端点或［角度（A）/弦长（L）］：

命令：o

OFFSET

当前设置：删除源＝否　图层＝源　OFFSETGAPTYPE＝0

指定偏移距离或［通过（T）/删除（E）/图层（L）］＜420.0000＞：100

选择要偏移的对象，或［退出（E）/放弃（U）］＜退出＞：

指定要偏移的那一侧上的点，或［退出（E）/多个（M）/放弃（U）］＜退出＞：

选择要偏移的对象，或［退出（E）/放弃（U）］＜退出＞：

命令：reg

REGION

选择对象：指定对角点：找到 6 个

选择对象：指定对角点：找到 6 个，总计 12 个

选择对象：

已提取 3 个环。

已创建 3 个面域。

命令：ext

EXTRUDE

当前线框密度：ISOLINES＝4

选择要拉伸的对象：指定对角点：找到 3 个

选择要拉伸的对象：

指定拉伸的高度或［方向（D）/路径（P）/倾斜角（T）］：－4600

洞身实体如图 4.52 所示。

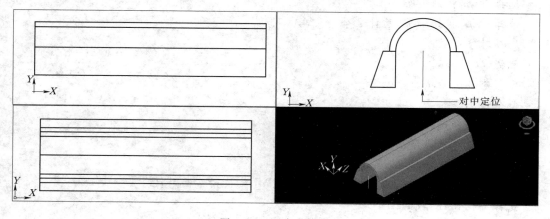

图 4.52　洞身实体图

鼠标左键单击第三个视口，在洞身的基础上继续完成洞首建模，具体操作如下：

命令：rec

RECTANG

指定第一个角点或[倒角(C)/标高(E)/圆角(F)/厚度(T)/宽度(W)]:

指定另一个角点或[面积(A)/尺寸(D)/旋转(R)]:d

指定矩形的长度 <10.0000>:385

指定矩形的宽度 <10.0000>:2220

指定另一个角点或[面积(A)/尺寸(D)/旋转(R)]:

命令:rec

RECTANG

指定第一个角点或[倒角(C)/标高(E)/圆角(F)/厚度(T)/宽度(W)]:

指定另一个角点或[面积(A)/尺寸(D)/旋转(R)]:d

指定矩形的长度 <210.0000>:

指定矩形的宽度 <2220.0000>:1596

指定另一个角点或[面积(A)/尺寸(D)/旋转(R)]:

命令:

命令:l

LINE 指定第一点:

指定下一点或[放弃(U)]:1100

指定下一点或[放弃(U)]:

命令:

命令:m MOVE 找到 1 个

指定基点或[位移(D)]<位移>:指定第二个点或 <使用第一个点作为位移>:

命令:指定对角点:

命令:reg

REGION

选择对象:找到 1 个

选择对象:找到 1 个,总计 2 个

选择对象:

已提取 2 个环。

已创建 2 个面域。

命令:loft

按放样次序选择横截面:找到 1 个

按放样次序选择横截面:找到 1 个,总计 2 个

按放样次序选择横截面:

输入选项[导向(G)/路径(P)/仅横截面(C)]<仅横截面>:G

选择导向曲线:找到 1 个

选择导向曲线:找到 1 个,总计 2 个

选择导向曲线:找到 1 个,总计 3 个

选择导向曲线:找到 1 个,总计 4 个

选择导向曲线:

命令:pl

PLINE

指定起点：

当前线宽为 0.0000

指定下一个点或[圆弧(A)/半宽(H)/长度(L)/放弃(U)/宽度(W)]:580

指定下一点或[圆弧(A)/闭合(C)/半宽(H)/长度(L)/放弃(U)/宽度(W)]:840

指定下一点或[圆弧(A)/闭合(C)/半宽(H)/长度(L)/放弃(U)/宽度(W)]:580

指定下一点或[圆弧(A)/闭合(C)/半宽(H)/长度(L)/放弃(U)/宽度(W)]:a

指定圆弧的端点或

[角度(A)/圆心(CE)/闭合(CL)/方向(D)/半宽(H)/直线(L)/半径(R)/第二个点(S)/放弃(U)/宽度(W)]:

指定圆弧的端点或

[角度(A)/圆心(CE)/闭合(CL)/方向(D)/半宽(H)/直线(L)/半径(R)/第二个点(S)/放弃(U)/宽度(W)]:

命令:reg

REGION

选择对象:指定对角点:找到 1 个

选择对象:

已提取 1 个环。

已创建 1 个面域。

命令:ext

EXTRUDE

当前线框密度:ISOLINES=4

选择要拉伸的对象:找到 1 个

选择要拉伸的对象:

指定拉伸的高度或[方向(D)/路径(P)/倾斜角(T)]＜－4600.0000＞:

命令:subtract 选择要从中减去的实体、曲面和面域...

选择对象:找到 1 个

选择对象:选择要减去的实体、曲面和面域...

选择对象:找到 1 个

选择对象:

洞首实体（布尔前）如图 4.53 和洞首实体（布尔后）如图 4.54 所示。

5. 涵洞压顶条石的创建

涵洞顶部条石的创建命令操作如下：

命令:rec

RECTANG

指定第一个角点或[倒角(C)/标高(E)/圆角(F)/厚度(T)/宽度(W)]:

指定另一个角点或[面积(A)/尺寸(D)/旋转(R)]:d

指定矩形的长度 ＜210.0000＞:252

指定矩形的宽度 ＜1596.0000＞:252

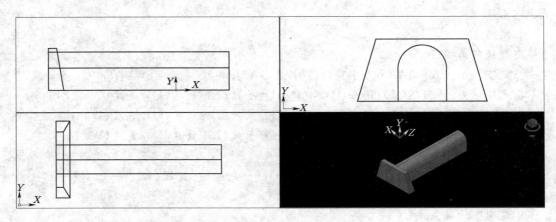

图 4.53　洞首实体图（布尔前）

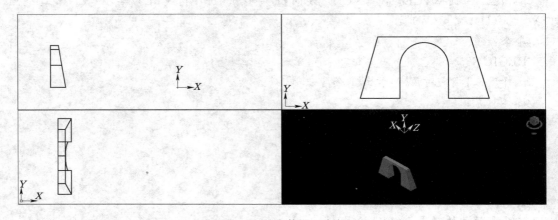

图 4.54　洞首实体图（布尔后）

指定另一个角点或[面积(A)/尺寸(D)/旋转(R)]:

命令:

命令:chamfer

("修剪"模式) 当前倒角距离 1＝0.0000,距离 2＝0.0000

选择第一条直线或[放弃(U)/多段线(P)/距离(D)/角度(A)/修剪(T)/方式(E)/多个(M)]:d

　　指定第一个倒角距离 <0.0000>:42

　　指定第二个倒角距离 <42.0000>:42

选择第一条直线或[放弃(U)/多段线(P)/距离(D)/角度(A)/修剪(T)/方式(E)/多个(M)]:

选择第二条直线,或按住 Shift 键选择要应用角点的直线:

命令:reg

REGION

选择对象:找到 1 个

选择对象:

已提取 1 个环。

已创建 1 个面域。

命令：ext

EXTRUDE

当前线框密度：ISOLINES＝4

选择要拉伸的对象：找到 1 个

选择要拉伸的对象：

指定拉伸的高度或［方向（D）/路径（P）/倾斜角（T）］：1680

生成洞首压顶条石实体如图 4.55 所示。

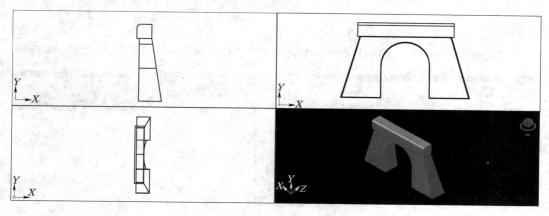

图 4.55　洞首压顶条石实体图

6. 涵洞实体材质贴图

涵洞实体模型建立好之后，还需要对它附上混凝土材质，材质贴图步骤如图 4.56 所示。

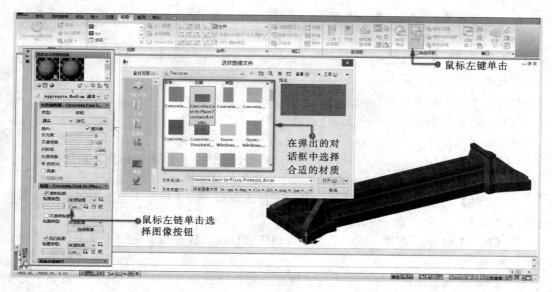

图 4.56　材质贴图步骤

4.2.3　知识链接

1. 三维实体修改

在 AutoCAD 2010 版本中，和二维对象一样，对三维实体也可以执行镜像、阵列、对齐等修改命令，命令面板如图 4.57 所示。

图 4.57　三维修改命令面板

(1) 三维镜像。

三维镜像命令通常用于绘制具有对称结构的三维实体，调用三维镜像命令如图 4.58 所示。

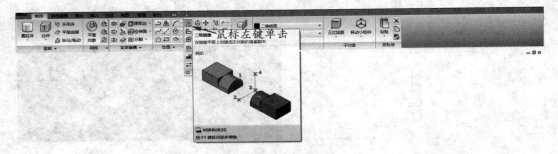

图 4.58　调用三维镜像命令

启用【三维镜像】命令后，命令行提示如下：

命令：_mirror3d

选择对象：

指定镜像平面 (三点) 的第一个点或

[对象 (O)/最近的 (L)/Z 轴 (Z)/视图 (V)/XY 平面 (XY)/YZ 平面 (YZ)/ZX 平面 (ZX)/三点 (3)]＜三点＞：

在镜像平面上指定第二点：

在镜像平面上指定第三点：

是否删除源对象？[是 (Y)/否 (N)]＜否＞：

其中的参数：

1)【对象】选项：将所选对象 (圆、圆弧或多段线等) 所在的平面作为镜像平面。

2)【最近的】选项：使用上一次镜像操作中使用的镜像平面作为本次操作的镜像平面。

3)【Z 轴】选项：依次选择两点，系统会自动将两点的连线作为镜像平面的法线，同时镜像平面通过所选的第一点。

4)【视图】选项：选择一点，系统会自动将通过该点且与当前视图平面平行的平面作为镜像平面。

5)【XY 平面】选项：选择一点，系统会自动将通过该点且与当前坐标系的 XY 面平行的平面作为镜像平面。

6)【YZ 平面】选项：选择一点，系统会自动将通过该点且与当前坐标系的 YZ 面平行的平面作为镜像平面。

7)【ZX 平面】选项：选择一点，系统会自动将通过该点且与当前坐标系的 ZX 面平行的平面作为镜像平面。

8)【三点】选项：通过指定三点来确定镜像平面。

圆球三维镜像前如图 4.59 所示，三维镜像后如图 4.60 所示，具体操作如下：

命令：_mirror3d　　　　　　　　　　　　　//选择【三维镜像】命令

选择对象:指定对角点:找到 2 个　　　　　　//选择圆球

选择对象:

指定镜像平面(三点)的第一个点或[对象(O)/最近的(L)/Z 轴(Z)/视图(V)/XY 平面(XY)/YZ 平面(YZ)/ZX

平面(ZX)/三点(3)]＜三点＞：　　　　//单击 A 点,确定镜像平面的第一点

＜对象捕捉 开＞ 在镜像平面上指定第二点：　　//单击 B 点,确定镜像平面的第二点

在镜像平面上指定第三点：　　　　　　//单击 C 点,确定镜像平面的第三点

是否删除源对象？[是(Y)/否(N)]＜否＞：

图 4.59　圆球三维镜像前

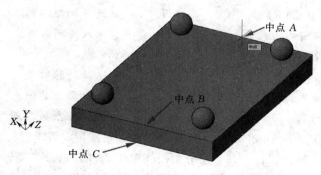

图 4.60　圆球三维镜像后

（2）三维阵列。

利用【三维阵列】命令可阵列三维实体，根据实体的阵列特点，可分为矩形阵列与环形阵列。调用三维阵列命令如图 4.61 所示。

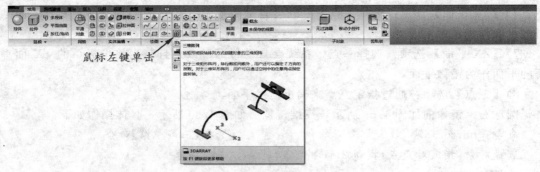

鼠标左键单击

图 4.61 调用【三维阵列】命令

启用【三维阵列】命令后,命令行提示如下:

命令:_3darray

选择对象:

输入阵列类型[矩形(R)/环形(P)]＜矩形＞:

其中的参数:

1)【选择对象】:选择阵列的对象。

2)【矩形 (R)】:选择矩形阵列后,命令行继续提示:

输入行数(…):   //输入阵列的行数

输入列数(…):   //输入阵列的列数

输入层数(…):   //输入阵列的层数

指定行间距(…):

指定列间距(…):

指定层间距(…):

3)【环形 (P)】:绕旋转轴复制对象。选择环形阵列后,命令行继续提示:

命令:_3darray   //启用三维阵列命令

选择对象: //选择要阵列的对象

输入阵列类型[矩形(R)/环形(P)]＜矩形＞:p //选择环形阵列

输入阵列中的项目数目: //输入阵列数目

指定要填充的角度(＋＝逆时针,－＝顺时针)＜360＞:

旋转阵列对象?[是(Y)/否(N)]＜Y＞: //选择旋转对象

指定阵列的中心点: //点取轴上的一点

指定旋转轴上的第二点: //点取轴上第二点

按提示执行操作后,AutoCAD 2010 将对所选对象按指定要求进行阵列。

注意:在矩形阵列中,行、列、层分别沿当前 UCS 的 X、Y、Z 轴方向阵列。当命令行提示输入沿某方向的间距值时,可以输入正值,也可以输入负值。输入正值,将沿相应坐标轴的正方向阵列;否则,沿负方向阵列。

某小区休息区桌椅三维制作如图 4.62 所示,具体操作如下:

命令:_3darray

选择对象:找到 1 个   //单击一个小圆柱

选择对象:找到 1 个,总计 2 个　　　　　　 //单击第二个小圆柱

选择对象:

输入阵列类型[矩形(R)/环形(P)]<矩形>:P //输入"P"选择环形阵列

输入阵列中的项目数目:6　　　　　　　　 //输入阵列数目

指定要填充的角度(＋＝逆时针,－＝顺时针)<360>:

旋转阵列对象?[是(Y)/否(N)]<Y>:　　　 //确认旋转阵列对象,按 Enter 键

指定阵列的中心点:　　　　　　　　　　 //单击捕捉上圆心,作为旋转轴的起点

指定旋转轴上的第二点:　　　　　　　　 //单击捕捉下圆心,作为旋转轴的第二点

　　　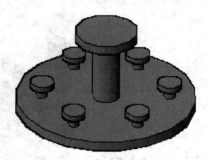

(a)阵列前　　　　　　　　　　　　　(b)阵列后

图 4.62　休息区桌椅三维制作图

如图 4.63 所示的 5×5×5 小方框进行 5×5 矩形阵列,其中,行、列、层间距均为 12,具体操作如下:

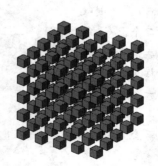

X Y Z

图 4.63　小方框矩形阵列图

命令:_3darray

选择对象:指定对角点:找到 1 个　　　　 //选择小立方体作为阵列对象

选择对象:　　　　　　　　　　　　　 //按 Enter 键

输入阵列类型[矩形(R)/环形(P)]<矩形>:R //输入"R"选择矩形选项

输入行数(———)<1>:5　　　　　　　 //输入行数

输入列数(|||)<1>:5　　　　　　　　 //输入列数

输入层数(...)<1>:5　　　　　　　　 //输入层数

指定行间距(———):12　　　　　　　 //输入行间距

指定列间距(│││):12	//输入列间距	
指定层间距(...):12	//输入层间距	

（3）三维对齐。

对齐是指通过移动、旋转一个实体使其与另一个实体对齐。在对齐的操作过程中，关键的是选择合适的源点与目标点。其中，源点是在被移动、旋转的对象上选择；目标点是在相对不动、作为放置参照的对象上选择，调用【三维对齐】命令如图4.64所示。

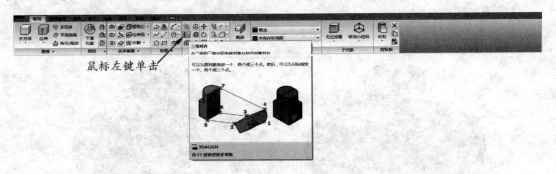

图 4.64　调用【三维对齐】命令

启用【三维对齐】命令后，命令行提示如下：

命令：_3dalign

选择对象：找到 1 个

选择对象：

指定源平面和方向 ...

指定基点或[复制(C)]：

指定第二个点或[继续(C)] ＜C＞：

指定第三个点或[继续(C)] ＜C＞：

指定目标平面和方向 ...

指定第一个目标点：

指定第二个目标点或[退出(X)] ＜X＞：

指定第三个目标点或[退出(X)] ＜X＞：

其中的参数：

1）【选择对象】：选择需要对齐的三维实体。

2）【基点或［复制（C）】：在需要对齐的三维实体单击一点，如果要保留源目标，就需要进入复制选项。

3）【第二个点或［继续（C）】：在需要对齐的三维实体单击第二个对齐点。

4）【第三个点或［继续（C）】：在需要对齐的三维实体单击第三个对齐点。

5）【第一个目标点】：在被对齐的三维实体上单击相对应的一个目标点。

6）【第二个目标点】：在被对齐的三维实体上单击相对应的第二个目标点。

7）【第三个目标点】：在被对齐的三维实体上单击相对应的第三个目标点。

如图4.65所示把楔形体和长方体在指定点对齐，具体操作如下：

命令：_3dalign　　　　　　　　　　　//选择三维对齐命令

选择对象：找到 1 个	// 选择楔形体
选择对象：	// 按 Enter 键
指定源平面和方向 ...	
指定基点或[复制(C)]：	// 单击 A 点
指定第二个点或[继续(C)]＜C＞：	// 单击 B 点
指定第三个点或[继续(C)]＜C＞：	// 单击 C 点
指定目标平面和方向 ...	
指定第一个目标点：	// 单击 1 点
指定第二个目标点或[退出(X)]＜X＞：	// 单击 2 点
指定第三个目标点或[退出(X)]＜X＞：	// 单击 3 点

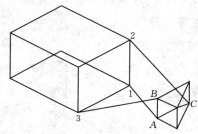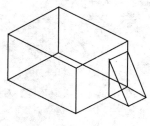

图 4.65　楔形体和长方体三维对齐实例

2. 三维实体渲染

三维实体的渲染是在图形中设置了光源、背景、场景，并为三维图形的表面附着材质，使其产生非常逼真的效果。一般来说，渲染图用于创建产品的三维效果图。在 AutoCAD 2010 版本中，渲染面板选项如图 4.66 所示。

图 4.66　渲染面板选项

（1）光源。

在 AutoCAD 中，正确的光源设置对于着色三维模型和创建渲染非常重要。AutoCAD 为用户提供了默认光源、自定义光源、阳光等几类光源，这些光源的特点如下：

1）默认光源。

默认情况下，AutoCAD 为视口提供了一个默认光源，又称环境光。使用默认光源时，模型中所有的面均被照亮。默认情况下，默认光源是打开的，但是一旦创建了自定义光源，系统会自动关闭默认光源。

2）自定义光源。

通过为场景设置自定义光源，可改善场景的渲染效果，从而使物体看起来更加真实。

3）阳光。

阳光是一种类似于平行光的特殊光源。用户可通过指定的地理位置、日期和时间定义阳光的角度，并且可以更改阳光的强度和颜色。

（2）渲染环境和材质。

可以在渲染时为图像增加雾化效果，执行命令时系统将打开如图 4.67 所示对话框。渲染对象时，我们还可以通过为对象赋予材质来改善渲染效果，为了方便用户，AutoCAD 提供了一些先定义的材质库，它们位于工具选项板中，如图 4.68 所示。

图 4.67 【渲染环境】对话框

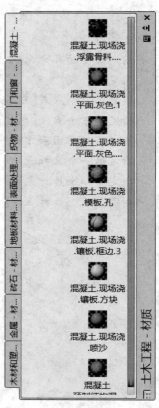

图 4.68 材质库工具栏

（3）渲染三维模型。

设置好光源和材质后便可以进行三维模型的渲染工作了。执行【渲染】命令后，将打开【渲染】窗口，并开始按设置渲染三维模型，渲染完毕，在窗口左侧显示图像信息，如图 4.69 所示。

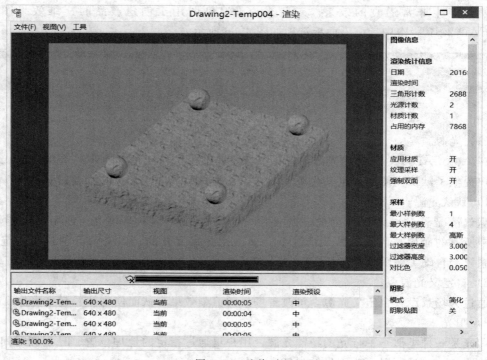

图 4.69 渲染过程

渲染完毕，按 Esc 键或单击【渲染】窗口右上角的【关闭】按钮，将返回主界面。如果要保存渲染后的效果图，可以打开的"渲染输出文件"对话框中设置图片的格式、名称与保存位置，将当前渲染效果保存为 BMP、PCX、TGA、TIF、JPGE 或 PNG 格式的图像文件。

4.3 闸室三维实体转化为三视图绘制

在 AutoCAD 中，不但可以由平面图通过拉伸、旋转和放样等命令来生成三维实体，我们还可以把生成的三维实体直接变成三视图，如图 4.70 所示。

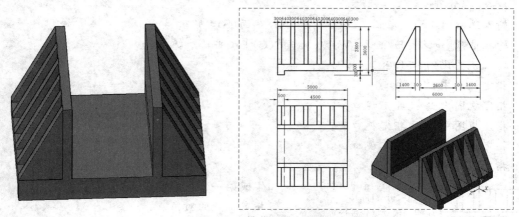

图 4.70 转化后的三视图

4.3.1 案例分析

三维实体直接变成三视图需要在布局窗口进行，在转化的过程中，注意各视图的对正关系，必要时可以把视口锁定，以防最终出来的三视图位置不满足"长对正，宽相等，高平齐"。该案例的难点在于视口中心位置的设定。

4.3.2 实施步骤

1. 视口的设定

先由模型空间进入布局空间，如图 4.71 所示。

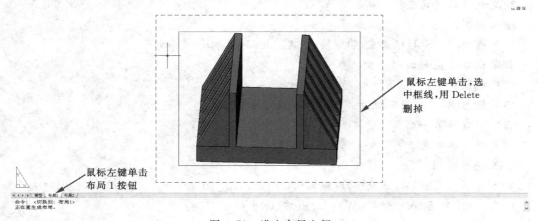

图 4.71 进入布局空间

在布局空间执行实体视图命令（solview），生成四个视口（注意保持对正），如图 4.72 所示。

鼠标左键单击

图 4.72 执行实体视图命令

执行实体视图命令（solview）生成四个视口操作如下：

命令：_solview
输入选项［UCS（U）/正交（O）/辅助（A）/截面（S）］：U
输入选项［命名（N）/世界（W）/？/当前（C）］＜当前＞：
输入视图比例 ＜1.0000＞：
指定视图中心：
指定视图中心 ＜指定视口＞：
指定视图中心 ＜指定视口＞：
指定视图中心 ＜指定视口＞：
指定视口的第一个角点：

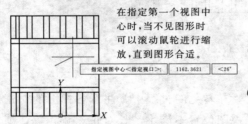

在指定第一个视图中心时，当不见图形时可以滚动鼠轮进行缩放，直到图形合适。

指定视图中心＜指定视口＞： 1162.3621 ＜26°

图 4.73 生成第一个视口

生成第一个视口如图 4.73 所示。
指定视口的对角点：
输入视图名：1
输入选项［UCS（U）/正交（O）/辅助（A）/截面（S）］：o
指定视口要投影的那一侧：
指定视图中心：

生成第二个视口如图 4.74 所示。
指定视图中心 ＜指定视口＞：
指定视口的第一个角点：
指定视口的对角点：
输入视图名：2
输入选项［UCS（U）/正交（O）/辅助（A）/截面（S）］：o
指定视口要投影的那一侧：
指定视图中心：
指定视图中心 ＜指定视口＞：
指定视口的第一个角点：
指定视口的对角点：
输入视图名：3
输入选项［UCS（U）/正交（O）/辅助（A）/截面（S）］：u
输入选项［命名（N）/世界（W）/？/当前（C）］＜当前＞：
输入视图比例 ＜1.0000＞：

指定视图中心：

指定视图中心＜指定视口＞：

指定视口的第一个角点：

指定视口的对角点：

输入视图名：4

输入选项［UCS(U)/正交(O)/辅助(A)/截面(S)］：

四个视口全部完成如图 4.75 所示。

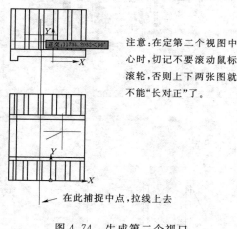

注意：在定第二个视图中心时，切记不要滚动鼠标滚轮，否则上下两张图就不能"长对正"了。

图 4.74　生成第二个视口

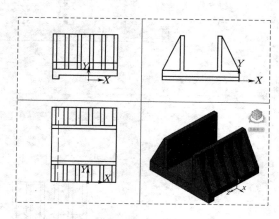

图 4.75　四个视口的生成

2. 生成轮廓图

视口设置完成之后，就可以执行实体图形命令（solddraw），如图 4.76 所示。

图 4.76　执行实体图形命令

执行实体图形命令（solddraw），选中前三个视口，就可生成实体轮廓。

3. 图层设置

在前几步设置定位视口时，系统自动为每一个视口的视图分配了图层，其中每个视图分配了"可见线""隐藏线""标注线"和"剖面线" 4 个图层，还有视图公用的"外框线"图层。一般情况下，只要对隐藏线设置为虚线即可，公用的"外框线"设置不可见，如图 4.77 所示。

设置好图层后的三视如图 4.78 所示。

4. 标注尺寸

将图层换到 0 图层，就可以随心所欲的在三视图上进行标注，不管比例调整多少，画三维实体时用什么尺寸，标注就是什么尺寸。标注尺寸后的三视如图 4.79 所示。

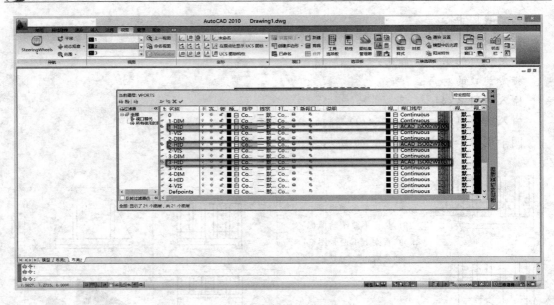

图 4.77　隐藏线线性的设置

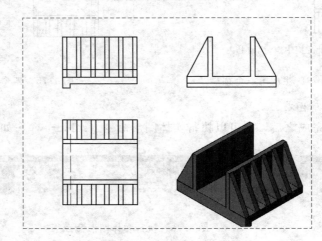

图 4.78　实体轮廓图

4.3.3　知识链接

1. 三维坐标系统

在三维空间中，图形对象上每一点的位置均是用三维坐标表示的。所谓三维坐标就是平时所说的 X、Y、Z 空间。在 AutoCAD 中，三维坐标系分为世界坐标系和用户坐标系。

（1）世界坐标系。

世界坐标系的平面图标如图 4.80 所示，其 X 轴正向向右，Y 轴正向向上，Z 轴正向由屏幕指向操作者，坐标原点位于屏幕左下角。当用户从三维空间观察世界坐标系时，其图标如图 4.81 所示。

在三维的世界坐标系中，其表示方法包括直角坐标、圆柱坐标以及球坐标等三种形式：

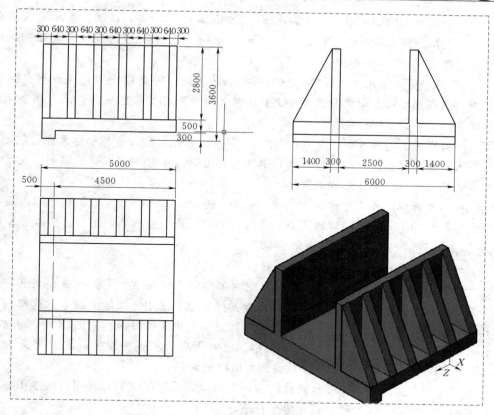

图 4.79 标注尺寸后的三视图

图 4.80 平面世界坐标系

图 4.81 三维世界坐标系

1）直角坐标：直角坐标又称为笛卡尔坐标，它是采用右手定则来确定坐标系的各方向。右手定则是将右手靠近屏幕，大拇指指向 X 轴正方向，食指指向 Y 轴正方向，然后弯曲其余 3 指，此时这 3 个手指的弯曲方向即为坐标系的 Z 轴正方向。采用右手定则还可以确定坐标轴的旋转正方向，其方法是将大拇指指向坐标轴的正方向，然后将其余 4 指弯曲，此时弯曲方向即是该坐标轴的旋转正方向。

采用直角坐标确定空间的一点位置时，需要用户指定该点的三个坐标值。绝对坐标值的输入形式是：X，Y，Z。相对坐标值的输入形式是：@X，Y，Z。

2）圆柱坐标：采用圆柱坐标确定空间的一点位置时，需要用户指定该点在 XY 平面内的投影点与坐标系原点的距离、投影点与 X 轴的夹角以及该点的 Z 坐标值。

绝对坐标值的输入形式是：$r<\theta$，Z，其中，r 表示输入点在 XY 平面内的投影点与原点的距离，θ 表示投影点和原点的连线与 X 轴的夹角，Z 表示输入点的 Z 坐标值。

相对坐标值的输入形式是：@$r<\theta$，Z，例如："100<45，60"表示输入点在 XY 平面内的投影点到坐标系的原点有 100 个单位，该投影点和原点的连线与 X 轴的夹角为 45°，且沿 Z 轴方向有 60 个单位。

3）球坐标：采用球坐标确定空间的一点位置时，需要用户指定该点与坐标系原点的距离、该点和坐标系原点的连线在 XY 平面上的投影与 X 轴的夹角，该点和坐标系原点的连线与 XY 平面形成的夹角。

绝对坐标值的输入形式是：$r<\theta<\Phi$，其中，r 表示输入点与坐标系原点的距离，θ 表示输入点和坐标系原点的连线在 XY 平面上的投影与 X 轴的夹角，Φ 表示输入点和坐标系原点的连线与 XY 平面形成的夹角。

相对坐标值的输入形式是：@$r<\theta<\Phi$，例如："100<60<30"表示输入点与坐标系原点的距离为 100 个单位，输入点和坐标系原点的连线在 XY 平面上的投影与 X 轴的夹角为 60°，该连线与 XY 平面的夹角为 30°。

（2）用户坐标系。

在 AutoCAD 中绘制二维图形时，绝大多数命令仅在 XY 平面内或在与 XY 面平行的平面内有效。另外在三维模型中，其截面的绘制也是采用二维绘图命令，这样当用户需要在某斜面上进行绘图时，该操作就不能直接进行。由于世界坐标系的 XY 平面与模型斜面存在一定夹角，因此不能直接进行绘制。此时用户必须先将模型的斜面定义为坐标系的 XY 平面，通过用户定义的坐标系就称为用户坐标系。

建立用户坐标系，主要有两种用途：①可以灵活定位 XY 面，用二维绘图命令绘制立体截面；②便于将模型尺寸转化为坐标值。

例如：当前坐标系为世界坐标系如图 4.82 所示，用户需要在斜面上绘制一个新的圆锥体，由于世界坐标系的 XY 平面与模型斜面存在一定夹角，因此不能直接绘制，必须通过坐标变换，使世界坐标系的 XY 平面与斜面共面，转变为用户坐标系，这样才能绘制出圆锥体，如图 4.83 所示。

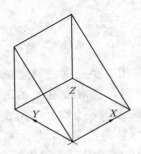

图 4.82　当前坐标系为世界坐标系

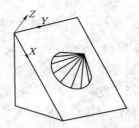

图 4.83　当前坐标系为用户坐标系

启用"用户坐标系"命令，如图 4.84 所示。

图 4.84　启用"用户坐标系"命令

启用"用户坐标系"命令后，AutoCAD 提示如下：

命令：_ucs

当前 UCS 名称：*世界*

指定 UCS 的原点或[面(F)/命名(NA)/对象(OB)/上一个(P)/视图(V)/世界(W)/X/Y/Z/Z 轴(ZA)]＜世界＞：_x

指定绕 X 轴的旋转角度＜90＞：*取消*

1)【指定 UCS 的原点】：使用一点、两点或三点定义一个新的 UCS。指定单个点后，命令行将提示"指定 X 轴上的点或＜接受＞："，此时按 Enter 键将接受，当前 UCS 的原点将会移动而不会更改 X、Y 和 Z 轴的方向；如果在此提示下再指定第二点，UCS 将绕先前指定的原点旋转，以使 UCS 的 X 轴正半轴通过该点；如果再指定第三点，UCS 将绕 X 轴旋转，以使 UCS 的 XY 平面的 Y 轴正半轴包含该点。

2)【面（F）】：将 UCS 与三维对象的选定面对齐，UCS 的 X 轴将与找到的第一个面上的最近的边对齐。选择实体的面后，将出现提示信息"输入选项【下一个（N）/X 反向（X）/Y 轴反向（Y）】＜接受＞："，选择其中的"下一个"选项将 UCS 定位于邻接的面或选定边的后向面；选择"X 轴反向"选项则将 UCS 绕 X 轴旋转 180；选择"Y 轴反向"选项则将 UCS 绕 Y 轴旋转 180°，按 Enter 键将接受现在位置。

3)【对象（OB）】：根据选定的三维对象定义新的坐标系。新 UCS 的拉伸方向为（即 Z 轴的正方向）选定对象的方向。此选项不能用于三维多段线、三维网格和构造线。

4)【视图（V）】：以平行于屏幕的平面为 XY 平面建立新的坐标系，UCS 原点保持不变。

5)【X/Y/Z】：绕指定的轴旋转当前 UCS。通过指定原点和一个或多个绕 X、Y 或 Z 轴的旋转，可以定义任意方向的 UCS。

6)【X/Y/Z】：用指定的 Z 轴正半轴定义新的坐标系。选择该选项后，可以指定新的坐标系统。

7)【Z 轴（ZA）】：原点和位于新建 Z 轴正半轴上的点，或选择一个对象，将 Z 轴与离选定对象最近的端点的切线方向对齐。

2. 实体视图（SOLVIEW）

此命令可使创建三维模型的视图、图层和布局视口的手动过程自动执行。对于现有的工作，建议用户创建针对三维自定义的图形样板（DWT）文件。

SOLVIEW 必须在布局选项卡上运行。如果当前处于【模型】选项卡，则最后一个活动的布局选项卡将成为当前布局选项卡。

SOLVIEW 将视口对象放置在 VPORTS 图层上，如果该图层不存在，SOLVIEW 将创建它。SOLDRAW 使用随创建的每个视口一起保存的特定于视图的信息生成最终图形视图。

SOLVIEW 创建 SOLDRAW 用于放置每个视图的可见线和隐藏线的图层（视图名称-VIS、视图名称-HID、视图名称-HAT），以及创建可以放置各个视口中均可见的标注的图层（视图名称-DIM）。

习　　题

根据三视图绘制三维实体，如图 4.85～图 4.88 所示。

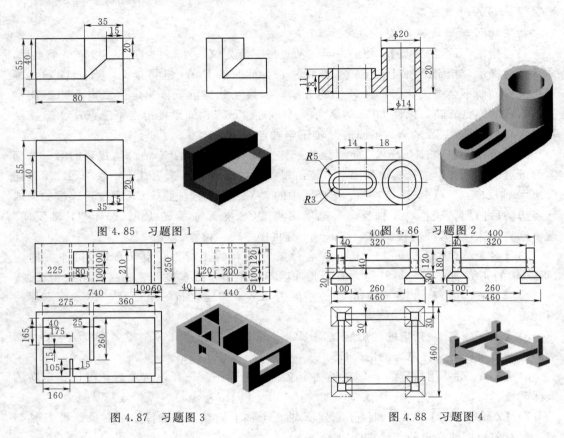

图 4.85　习题图 1

图 4.86　习题图 2

图 4.87　习题图 3

图 4.88　习题图 4

第 5 章

专业图实例解析及绘图技巧

知识目标：

掌握专业图的缩放比例方法、掌握文字及尺寸标注等快速绘制方法。

技能目标：

提高绘制专业图的能力。

5.1 工程图比例缩放出图技巧

工程图纸由图幅、图形实体、尺寸标注和文字标注等部分组成。由于所表达的水工建筑物的尺寸都比较大，因此画图时一般需要选择缩小比例作图。画一张工程图纸一般有 3 种绘图方式，即先画后缩再出图、边缩边画再出图和先画不缩再出图等。下面以画一幅比例为 1∶10 的 A3 工程图纸为例说明的 3 种方式。

5.1.1 一张图纸只有一种比例的画法

1. 先画后缩再出图

这种绘图方式的操作步骤如下：

（1）在模型空间按 1∶1 比例画好 A3 图框、标题栏，如图 5.1 所示。

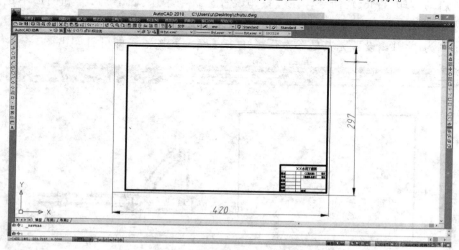

图 5.1 1∶1 绘制的图框

（2）在当前图形中按 1∶1 比例（即输入物体的实际尺寸）绘制图形实体，如图 5.2 所示。

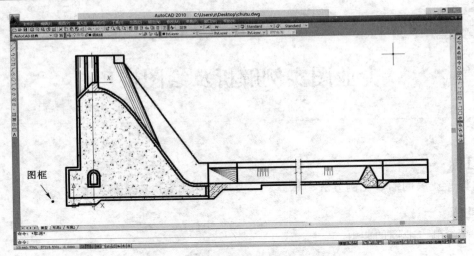

图 5.2　1∶1 绘制的图框和图形实体

（3）执行比例缩放（scale）命令，输入比例因子为 0.01，将绘制的所有图形缩小为原来的 1/100 倍，如图 5.3 所示。

（4）执行移动（move）命令，将绘图实体移动到 A3 图框内，调整图形在图框中的位置，使图形在图幅中各部分布局合理、均匀，如图 5.4 所示。

（5）执行标注样式（dimstyle）命令，在【主单位】选项卡中将测量比例因子的值设为 100，即尺寸标注测量单位比例为 100∶1，并保存该尺寸标注样式，标注全部尺寸，如图 5.5 所示。

（6）启动文字样式（style）命令，设置各字体样式的标准字高，标注文字，如图 5.6 所示。

（7）启动打印（plot）命令，在【打印设置】选项卡中【图纸尺寸和图形单位】选项框中，选择"毫米"单位按钮。即采用毫米作为长度单位。在【打印比例】选择组中，设置打印比例为 1∶1，设置完其他参数后，单击【确定】按钮，即可打印出图。

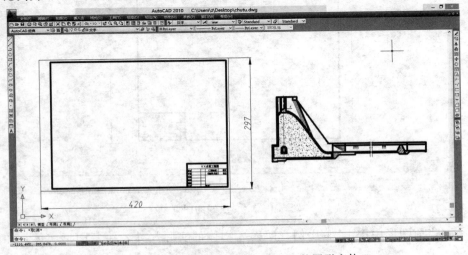

图 5.3　1∶1 绘制的图框和 1∶100 的图形实体

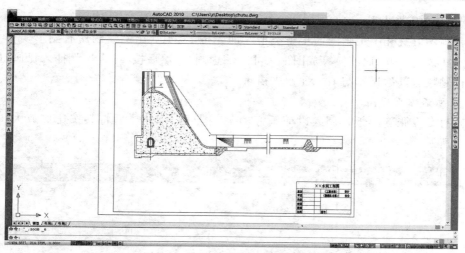

图 5.4　调整好的图框和图形实体

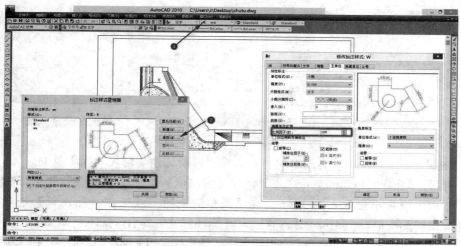

图 5.5　测量比例因子的设置

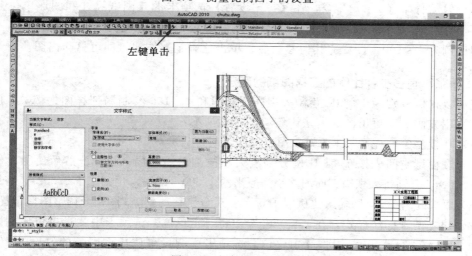

图 5.6　文字样式的设置

2. 边缩边画再出图

这种画图方式和手工画图的步骤类似，即先按 1∶100 比例绘制所有图形实体（将物体实际尺寸按 1∶100 比例换算成图形尺寸边缩边画），然后按 1∶1 比例插入已画好的 A3 图框、标题栏。其后操作与前一种方法相同。

3. 先画不缩再出图

（1）打开一张新图纸，调入以前画好的 A3 图框、标题栏后将其按比例放大 100 倍，如图 5.7 所示。

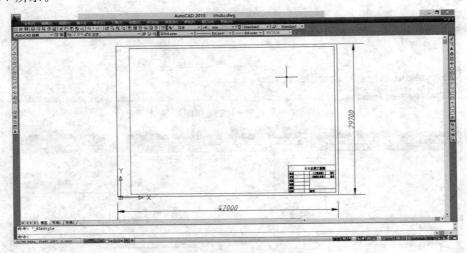

图 5.7　放大 100 倍的 A3 图框

（2）按 1∶1 比例绘制所有图形实体，即按图形所标注实际尺寸输入绘制。

（3）执行标注样式（dimstyle）命令，在【主单位】选项卡将测量比例因子的值设为 1，即尺寸标注测量单位比例为 1∶1，在【调整】选项卡【标注特征比例】选项组中将"使用全局比例"的值设为 100，并保存该尺寸标注样式，标注全部尺寸，如图 5.8 所示。

（4）启动文字样式（style）命令，设置各字体样式的字高为标准字高的 100 倍，标注文字。

（5）启动打印（plot）命令，在【打印设置】选项卡的【图纸尺寸和图形单位】选项组中，选择"毫米"单选按钮，即采用毫米作为长度单位。在【打印比例】选项组中，设置打印比例为 1∶100，设置完其他参数后，单击【确定】按钮，即可打印出图。

5.1.2　一张图有多少种比例的工程图纸的画法

下面以比例分别为 1∶500 绘制大坝横剖面图和 1∶100 绘制局部详图的 A3 工程图纸为例，采用先画后缩再出图的方法讲解绘图步骤如下：

（1）在模型空间先画 A3 图幅、图框和标题栏。

（2）在模型空间先按 1∶1 比例分别绘大坝横剖面图和局部详图。然后使用比例缩放（scale）命令，分别将大坝横剖面图缩小为原来的 1/500（即输入比例因子 0.002），将局部详图缩小为原来的 1/100（即输入比例因子 0.01）后分别移动到 A3 图幅，调整图形布置。

（3）建立两种标注样式：在"1-500"中将【主单位】选项卡中测量单位比例因子的值设为 500；在"1-100"中将【主单位】选项卡中测量单位比例因子的值设为 100；用"1-500"标注大坝横剖面图尺寸，用"1-100"标注局部详图尺寸，如图 5.9 所示。

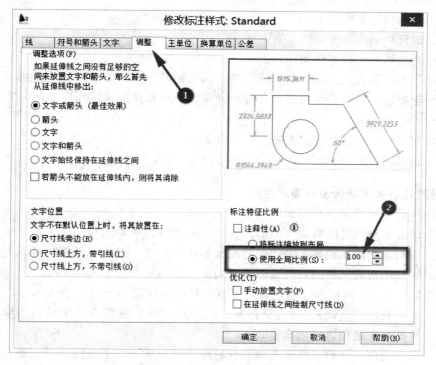

图 5.8　全局比例因子的设置

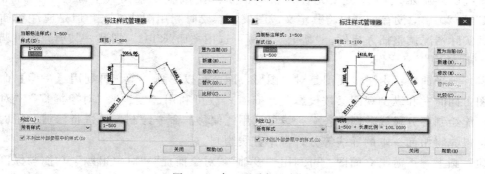

图 5.9　建立两种标注样式

（4）在打印设置中设置好各种参数，确定出图比例为 1∶1，即可打印输出当前文件。

综上所述，在绘制工程图时，可以使用上述方法之一。但对于不同的绘图方式，其操作的繁简程度不同。第一种方法思路最清晰，也最容易掌握；第二种方法基本类似于手工绘图，需要将尺寸按比例换算，显得非常繁琐，不推荐使用；第三种方法虽然稍烦琐于第一种方法，但如用户对 AutoCAD 2010 的各种比例概念，参数的设置比较清楚，也可以使用。

5.2　典型水利工程图的绘制方法

水利工程图是表达水工建筑物设计意图、施工过程的样图，一般包括规划图、枢纽布置图和建筑工程图、施工图和竣工图等。

水利工程图绘图步骤如下：

（1）分析资料确定最佳表达方案。

（2）选择合适的图幅和作图比例。

（3）进行图面布置，画作图基准线，如建筑物轴线（中心线）、主要轮廓线等。

（4）画轮廓线：先画特征视图和主要部分轮廓，再画其他视图和次要部分轮廓，最后画细部结构。

（5）填充材料，标准尺寸、文字、标高等。

（6）检查修正后出图。

5.2.1　涵洞式进水闸结构设计图的绘制

某涵洞式进水闸结构设计图如图 5.10 所示。

分析：该进水闸设计图有 5 个图形，其中纵剖视图、平面图和上、下游半立面图按投影关系布置，两个断面图提供了中间洞身断面形状和尺寸。因此，画图时可以先画反映进水闸整体形状和结构的三视图，再画两个断面图。具体步骤如下：

（1）新建一张 A3 图框和标题栏，设置图形界限，在图幅外画一条大于画图总长的直线（如画 10000 长度的直线），然后鼠标滚轮连续单击两次进行全屏缩放，这样 10000 长度以内的线段都能在绘图区域内显示。

（2）画纵剖视图：在粗实线层先画底板轮廓，然后从下而上分段绘制主要轮廓线，再在细实线层绘制示坡线以及填充各处材料图例。图纸中"浆砌（干砌）石"的图例在 AutoCAD 2010 中没有，可以将其定义成图块，需要时利用图块插入，但是应注意插入时要根据实际情况调整插入比例。"黏土"图例可选用"EARTH"图案，其填充度可调整为 45°，同时注意填充比例。

（3）画平面图：由于平面图是对称图形，因此可以先画一半，再利用【镜像】命令生成全图，同时它和纵剖视图又按投影关系布置，故可利用"极轴""对象捕捉""对象追踪"功能绘制各分段线，图中各平行线可利用【偏移】命令绘制，再进行修剪。扭面上的素线可以先将扭面一端的导线等分，再用直线绘制。

（4）画上、下游半立面图：可利用"极轴""对象捕捉""对象追踪"功能与纵剖视图高平齐绘制，各斜线的端点可以用辅助线定位：将对称中心线偏移相应宽度后与各高程水平线的交点既是。

（5）画断面图：根据其断面形状及尺寸分层进行绘制。

（6）标注：设置需要的文字样式和尺寸样式，进行文字和尺寸以及标高的标注。但本图中的"密集小尺寸"和"半标注"应分别设置不同的标注样式进行标注，即标注"密集小尺寸"时应将样式中"直线和箭头"的"第一个箭头"和"第二个箭头"分别或同时设为【小点】或【无】；而标注上、下游半立面图中的"半标注"时，应在样式中同时"隐藏尺寸线 1（2）"和"隐藏尺寸界线 1（2）"。

检测、修正、存盘，完成全图。

5.2.2　重力坝剖面图的绘制方法

某重力坝剖面图如图 5.11 所示。

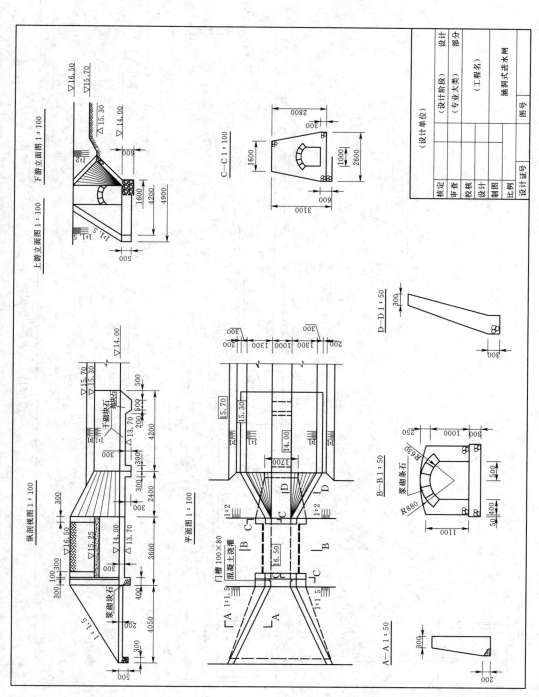

图 5.10 涵洞式进水闸

147

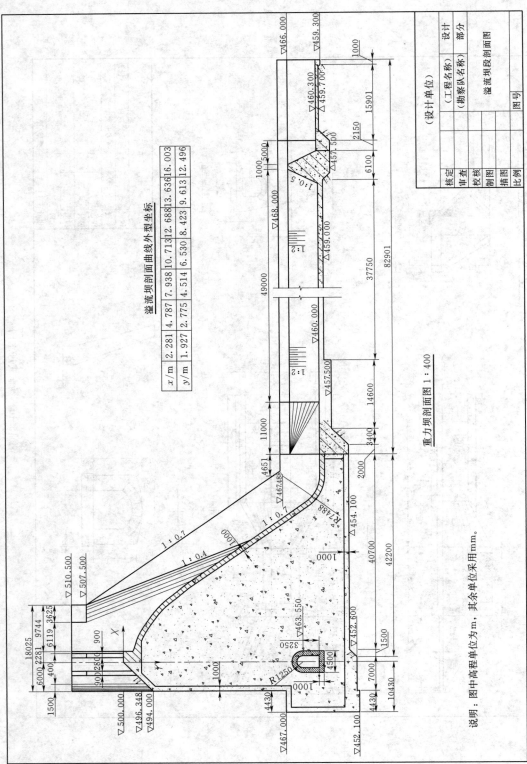

溢流坝剖面曲线外型坐标

x/m	2.281	4.787	7.938	10.713	12.688	13.636	6.003
y/m	1.927	2.775	4.514	6.530	8.423	9.613	12.496

重力坝剖面图 1：400

图 5.11 重力坝剖面图

说明：图中高程单位为 m，其余单位采用 mm。

分析：该图主要由直线段、圆弧以及一段非圆曲线（坝面曲线）组成外围轮廓，还有几处剖面材料图例填充，图形比较简单。具体绘图步骤如下：

（1）新建 A3 图幅、图框和标题栏，设置图形界限，在图幅外画一条大于平面总长的直线（如画 10000 长度的直线），然后鼠标滚轮连续单击两次进行全屏缩放，这样 10000 长度以内的线段都能在绘图区域内显示。

（2）画坝面曲线。用样条曲线命令（spline）绘制。为画图方便，可建立图示坝面曲线直角坐标系［命令行输入"UCS"回车，按提示选择"新建（N）"，用"三点（3）"方式指定新坐标原点位置以及 X、Y 轴正方向］，然后直接输入各点的坐标即可。画完后再利用"UCS"命令将系统恢复为原坐标系。

（3）画各直线段。

（4）画圆弧段。

（5）填充材料图例。由于坝体内要标注高程数字，为保证数字的清晰，在填充前可以用辅助线预留出高程数字所需的位置。

（6）标注尺寸，填写文字，完成全图。

提示：绘图时可以按实际尺寸单位尺寸以 cm 为单位进行绘制，缩放比例 1∶200 是按照以 mm 为单位计算的，所以本图缩小比例为 1∶20。

习　题

1. 按照尺寸绘制图 5.12 所示工程剖视图。

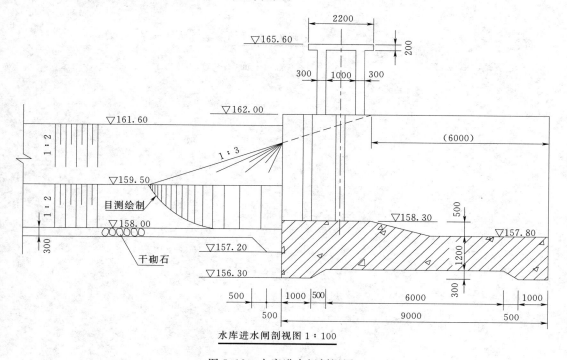

水库进水闸剖视图 1∶100

图 5.12　水库进水闸剖视图

2. 按照尺寸绘制图 5.13 所示工程平面图。

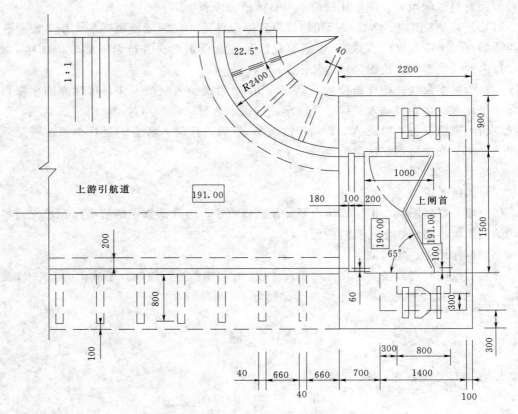

船闸平面图 1∶70

图 5.13　船闸平面图

第 6 章

图 形 的 输 出 与 打 印

知识目标：

　　了解 CAD 图形文件打印设置；掌握 CAD 图形文件打印和输出的布局、页面设置等知识。

技能目标：

　　能对 CAD 图形文件进行打印前的页面设置；能根据工程实际情况进行图形打印操作。

6.1　某建筑底层平面图打印

　　建筑施工图是建筑施工中常见的图形，主要用来表达建筑层的内部布置、细部构造等。某建筑的底层平面如图 6.1 所示。

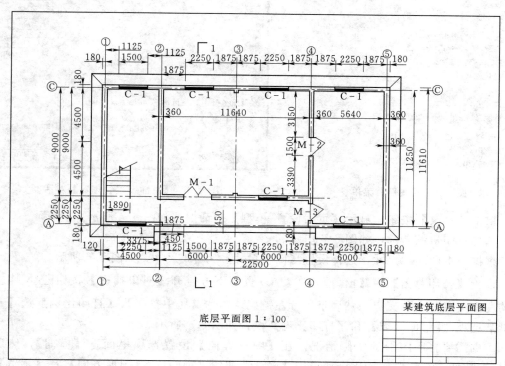

图 6.1　某建筑底层平面图

6.1.1 案例分析

该建筑底层平面图主要对房间的尺寸大小、轴线等进行了尺寸标注，该图纸的输出尺寸为 A3 图纸，图纸的标准尺寸为 420mm×297mm。

6.1.2 实施步骤

1. 打开图纸，分析图形布局

打开某建筑底层平面 CAD 图纸，图纸给出了绘图比例和图框，图形外框的尺寸为 420mm×297mm，为 A3 图纸幅面，而且已画出标题栏，故可以直接在【模型】界面进行出图。

2. 页面设置

单击 AutoCAD 界面左上角的【文件】按钮，选择【页面设置管理器】命令，弹出【页面设置管理器】对话框如图 6.2 和图 6.3 所示。

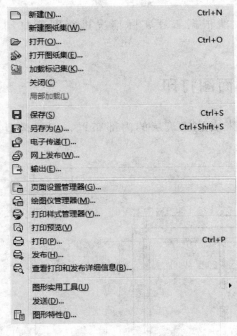

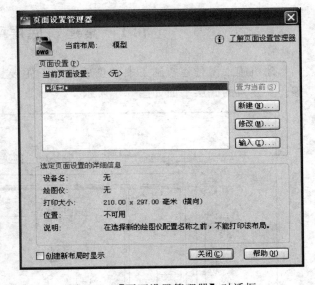

图 6.2 【文件】菜单　　　　　　　图 6.3 【页面设置管理器】对话框

单击【修改】按钮，显示【页面设置-模型】对话框，如图 6.4 所示。

选择打印机的名称，如图 6.5 所示。

根据图纸的实际尺寸，选择设置【图纸尺寸】为 A3 尺寸，如图 6.6 所示。

设置【打印范围】为【窗口】，在 CAD 页面下方打开【对象捕捉】按钮，捕捉图框的左上交点和右下交点，然后点鼠标左键确认。选【居中打印】，【打印比例】选【布满图纸】选项，【打印区域】和【打印比例】设置如图 6.7 所示。

根据需要打印图形的实际情况，在【图形方向】设置选项里面选【横向】，然后点【预览】按钮进行预览，如果合适单击【确认】按钮进行确认。【图形方向】及【预览】按钮如图 6.8 所示。

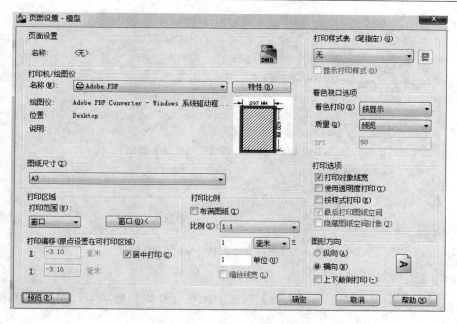

图 6.4 【页面设置-模型】对话框

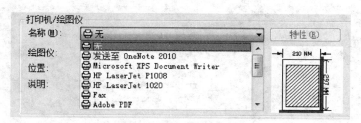

图 6.5 【打印机/绘图仪】对话框

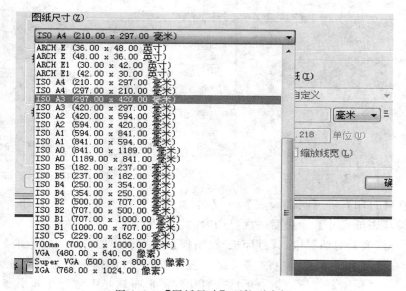

图 6.6 【图纸尺寸】下拉列表框

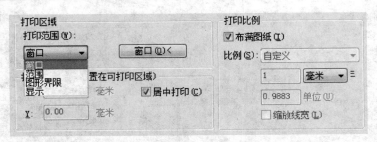

图 6.7　【打印区域】和【打印比例】对话框

图 6.8　【图形方向】和【预览】对话框

3. 打印设置

单击 AutoCAD 界面左上角【文件】按钮，出现【打印】选项卡，弹出【打印-模型】对话框，如图 6.9 和图 6.10 所示。

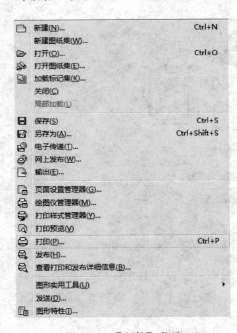

图 6.9　【文件】菜单　　　　　　　　　　图 6.10　【打印-模型】对话框

说明：在【打印】→【页面设置】→【名称（A）】中选＜上一次打印＞可以快速设置目前打印的【图纸尺寸】为最后一次打印时的图纸尺寸。

在【打印-模型】对话框中，【打印机/绘图仪】选择所用的打印机，【图纸尺寸】选为A3 尺寸，因在步骤 2 页面设置中的【页面设置-模型】对话框中已对图形页面进行了设置，这里只需点【预览】按钮，检查下所需打印的图形布局是否合理，如果布局合理，单击【确定】按钮进行打印就可以了。

6.2 多个视口图形打印

6.2.1 案例分析

在实际工作中，我们经常会遇到一个CAD界面上有多张图形，打印的时候想把部分或全部的图形打印在一张图纸上，这就涉及到布局的知识。如图6.11所示图形，图形为在CAD界面上按1：1比例所画出的三个图形，没有固定图框，拟在同一张图纸上出图。

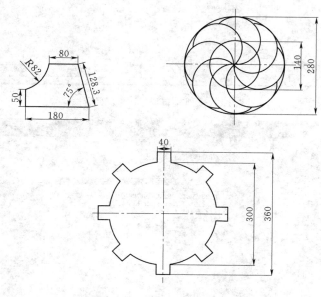

图6.11 某CAD设计图

6.2.2 实施步骤

1. 在图纸空间中创建布局

在AutoCAD中，单击【插入】→【布局】→【布局向导】命令创建新布局，也可以用LAYOUT命令以模板的创建新布局，这里将主要介绍以向导方式创的过程。

（1）选择【插入】→【布局】→【创建布局向导】命令。

（2）在命令输入行输入block后按下Enter键。

执行上述任一操作后，AutoCAD会打开如图6.12所示的【创建布局-开始】对话框。该对话框用于为新布局命名。左边一列项目是创建中要进行的8个步骤，前面标有三角符号的是当前步骤。在【输入新布局的名称】文本框中输入名称。

单击【下一步】按钮，出现如图6.13所示的【创建布局-打印机】对话框。

图6.13所示对话框用于选择打印机，在列表中列出了本机可用的打印机设备，从中选择一种打印机作为输出设备。完成选择后单击【下一步】按钮，出现如图6.14所示的【创建布局-图纸尺寸】对话框。

图6.14所示对话框用于选择打印图纸的大小和所用的单位。对话框的下拉列表框中列出了可用的各种格式的图纸，它由选择的打印设备决定，可从中选择一种格式。

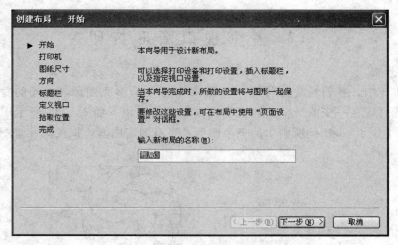

图 6.12 【创建布局-开始】对话框

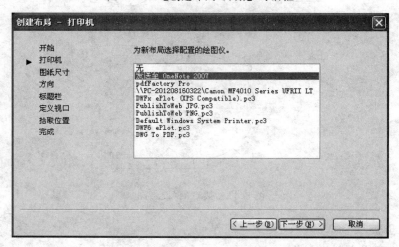

图 6.13 【创建布局-打印机】对话框

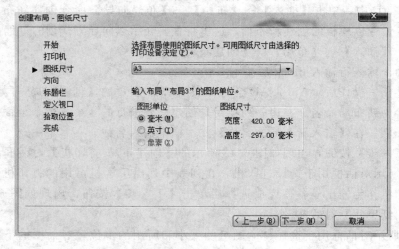

图 6.14 【创建布局-图纸尺寸】对话框

【图形单位】：用于控制图形单位，可以选择毫米、英寸或像素。

【图纸尺寸】：当图形单位有所变化时，图形尺寸也相应变化。

单击【下一步】按钮，出现如图 6.15 所示的【创建布局-方向】对话框。

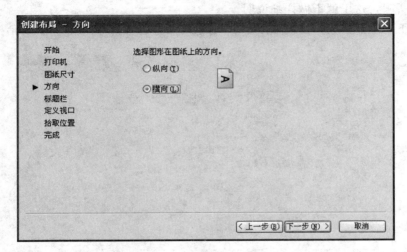

图 6.15　【创建布局-方向】对话框

此对话框用于设置打印的方向，两个单选按钮分别表示不同的打印方向。

【横向】：表示按横向打印。

【纵向】：表示按纵向打印。

完成打印方向设置后，单击【下一步】按钮，出现如图 6.16 所示的【创建布局-标题栏】对话框。

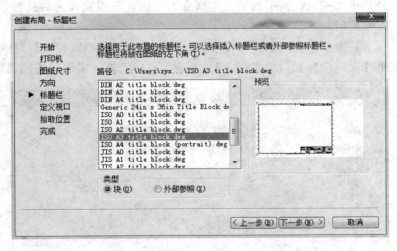

图 6.16　【创建布局-标题栏】对话框

此对话框用于选择图纸的边框和标题栏的样式。

【路径】：列出了当前可用的样式，可从中选择一种。

【预览】：显示所选样式的预览图像。

【类型】：可指定所选择的标题栏图形文件是作为"块"还是作为"外部参照"插入到当前图形中。

说明：标题栏可以预先画好，保存至 CAD 标题栏默认路径，使用时直接调用就可以了。因篇幅所限，这里就不做详细说明。

单击【下一步】按钮，出现如图 6.17 所示的【创建布局-定义视口】对话框。

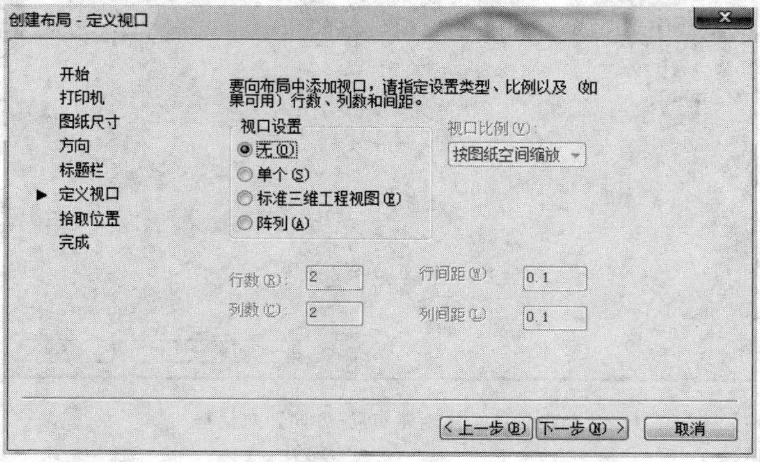

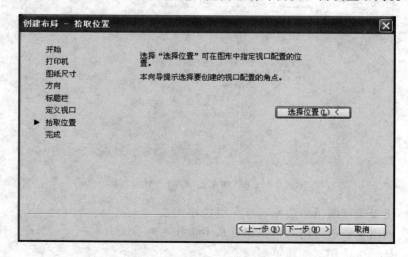

图 6.17　【创建布局-定义视口】对话框

此对话框可指定新创建的布局默认视口设置和比例等。分以下两组设置。

【视口设置】：用于设置当前布局定义视口数。

【视口比例】：用于设置视口的比例。

选择【阵列】单选按钮，则下面的文本框变为可用，分别输入视口的行数和列数，以及视口的行间距和列间距。

单击【下一步】按钮，出现如图 6.18 所示的【创建布局-拾取位置】对话框。

说明：这里【视口设置】勾选了【无】，是为了打印需要，需设置不同视口进行出图。

图 6.18　【创建布局-拾取位置】对话框

此对话框用于制定视口的大小和位置。单击【选择位置】按钮，系统将暂时关闭该对话框，返回到图形窗口，从中制定视口的大小和位置。选择恰当的视口大小和位置以后，出现如图 6.19 所示的【创建布局-完成】对话框。

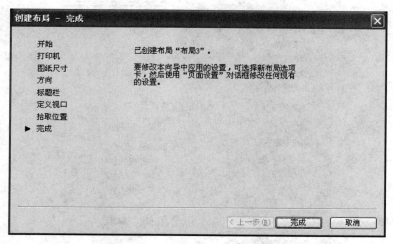

图 6.19 【创建布局-完成】对话框

如果对当前的设置都很满意，单击【完成】按钮，完成新布局的创建，系统自动返回到布局空间，显示新创建的布局如图 6.20 所示。

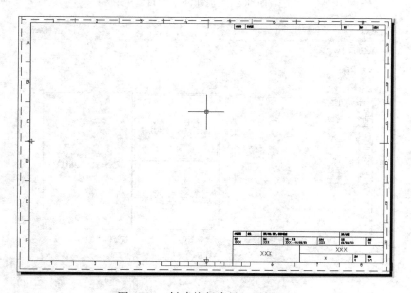

图 6.20 创建的新布局（无视口）

2. 在布局创建视口

在 CAD 工具栏选择【视图】→【视口】→【新建视口】命令，创建新视口如图 6.21 所示。

在【视口】对话框中的【新建视口】中根据自己的需要创建新的视口（这里选"三个：右"），【视口】对话框的右侧会出现【预览】选项，可以预览到所创建的视口样式。三个视口创建如图 6.22 所示。

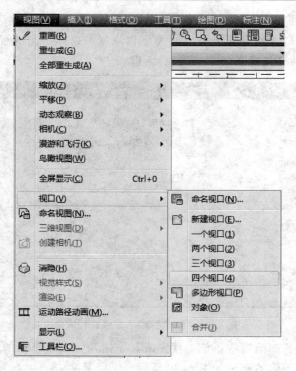

图 6.21　创建的新视口

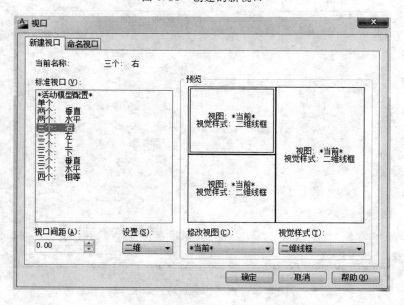

图 6.22　三个视口的创建

单击【确定】按钮，打开 CAD 界面下方 面板中的【对象捕捉开关】，选择【布局 3】图框内框的左上交点，然后选择图框内框的右下交点；就出现了三个视口。三个视口布局图如图 6.23 所示。

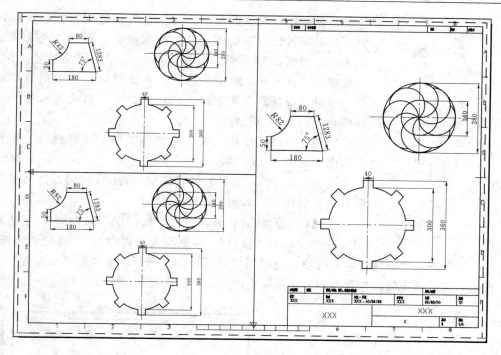

图 6.23 三个视口布局图

在 CAD 工具栏空白处单击右键，弹出 AutoCAD 工具选项对话框，选择【视口】【视口】工具选项前面就会勾上√号，在【布局】界面上出现【视口】工具。视口工具设置与调用如图 6.24 所示。

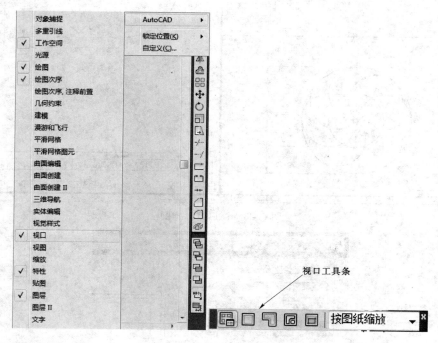

图 6.24 视口工具设置与调用

图 6.25　视口编辑

鼠标左键连续双击左上角视口，视口边框变成粗黑色，这时就可以编辑视口中的图形了。按住鼠标中键不放或选择移动工具，把该视口所要显示的图形显示并且移动到合适位置，然后单击键盘 Enter 键退出移动或单击鼠标右键退出移动工具。单击【视口】工具条比例选项，设置合适的显示比例。视口编辑如图 6.25 所示。

同理，可以完成其他视口的编辑工作。视口编辑工作完成后的图形如图 6.26 所示。

点击 CAD 工具条下方的【图层特性管理器】，并弹出【图层】设置对话框，如图 6.27 所示。

在【图层】对话框中单击"新建图层"按钮，创建新图层，并重命名为"视口"（根据个人习惯命名），并设置为当前，单击"视口"图层中的【打印】选项，把该图层的【打印】选项设置为"不可打印"，单击关闭，退出【图层特性管理器】。【图层特性管理器】设置如图 6.28 所示。

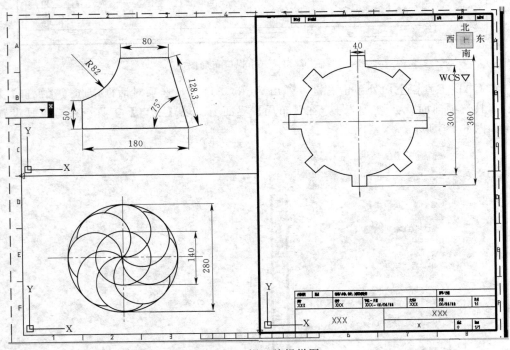

图 6.26　视口编辑样图

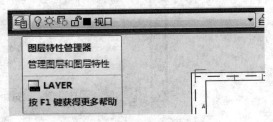

图 6.27　图层特性管理器

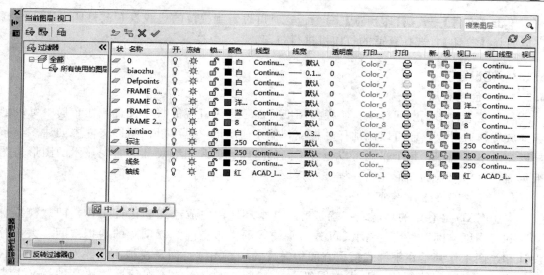

图 6.28 图层特性管理器设置

在【布局 3】中,选中视口边框,并把视口的边框设置成【视口】图层。视口图层设置如图 6.29 所示。

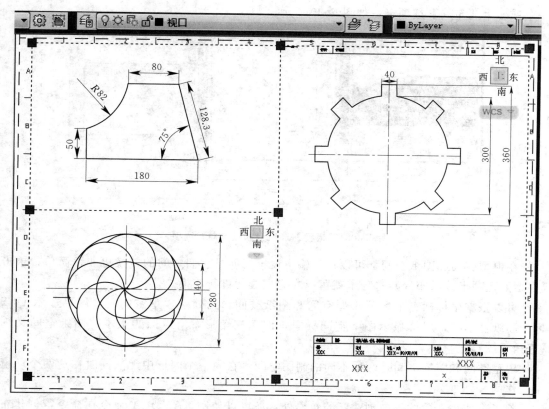

图 6.29 视口图层的设置

163

单击【文件】→【打印预览】命令，这时可以看到视口的边线没有被打印出来。预览完成后点【打印】，选择合适的打印机进行打印。

6.2.3　知识链接

6.2.3.1　创建布局

布局是一种图纸空间环境，它模拟图纸页面，提供直观的打印设置。在布局中可以创建并放置视口对象，还可以添加标题栏或其他几何图形，也可以在图形文件中创建多个布局以显示不同视图，每个布局可以包含不同的打印比例和图纸尺寸。布局显示的图形与图纸页面上打印出来的图形完全一样。

1. 模型空间和图纸空间

AutoCAD 最有用的功能之一就是可在两个环境中完成绘图和设计工作，即"模拟空间"和"图纸空间"。模拟空间又可分为平铺式的模拟空间和浮动式的模拟空间。大部分设计和绘图工作都是在平铺式模拟空间中完成的，而图纸空间是模拟手工绘图的空间，它是为绘制平面图而准备的一张虚拟图纸，是一个二维空间的工作环境。从某种意义上来说，图纸空间就是为布局图面、打印出图而设计的，还可在其中添加诸如边框、注释、标题和尺寸标注等内容。

在右下角状态栏中单击【快速查看布局】按钮 模型 ，出现【模型】选项卡以及一个或多个【布局】选项卡，如图 6.30 所示。

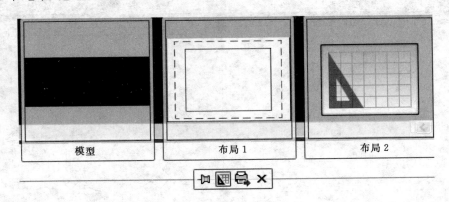

图 6.30　【模型】选项卡和【布局】选项卡

在模型空间和图纸空间都可以进行输出设置，而且它们之间的转换也非常简单，单击【模型】选项卡或【布局】选项卡就可以在它们之间进行切换。

可以根据坐标标志来区分模型空间和图纸空间，当处于模型空间时，屏幕显示 UCS标于图纸空间时，屏幕显示图纸空间标志，即角三角形，所以旧的版本将图纸空间又称"三角视图"。

模型空间和图纸空间是两种不同的制图空间。在同一个图形中无法同时在这两个环境中工作的。

除了可使用上面的导向创建新的布局外，还可以使用 LAYOUT 命令在命令行创建布局。用该命令能以多种方式创建新布局，如从已有的模板开始创建，从已有的布局开始创建或从头开始创建。另外，还可以用该命令管理已创建的布局，如删除、改名、保存以及设置等。

2. 视口

与模型空间一样，用户也可以在布局空间建立多个视口，以便显示模型的不同视图。在布局空间建立视口时，可以确定视口的大小，并且可以将其定位于布局空间的任意位置，因此，布局空间视口通常被称为浮动视口。

（1）创建浮动视口。

在创建布局时，浮动视口是一个非常重要的工具，用于显示模型空间和布局空间中的图形。

在创建布局后，系统会自动创建一个浮动视口。如果该视口不符合要求，用户可以将其删除，然后重新建立新的浮动视口。在浮动视口内双击鼠标左键，即可进入浮动模型空间，其边界将以粗线显示。

在 AutoCAD 2010 中，可以通过以下两种方法创建浮动视口：

1）选择【视图】→【视口】→【新建视口】菜单命令，在弹出的【视口】对话框中，在【标准视口】列表框中选择【三个视口】选项时，创建的浮动视口如图 6.31 所示。

2）使用夹点编辑创建浮动视口：在浮动视口外双击鼠标左键，选择浮动视口的边界，然后在右上角的夹点上拖拽鼠标，先将该浮动视口缩小，然后连续按两次 Enter 键，在命令提示行中选择【复制】选项，对该浮动视口进行复制，并将其移动至合适位置。

（2）编辑浮动窗口。

浮动视口实际上是一个对象，可以像编辑其他对象一样编辑浮动视口，如进行删除、移动、拉伸和缩放等操作。

要对浮动视口内的图形对象进行编辑修改，

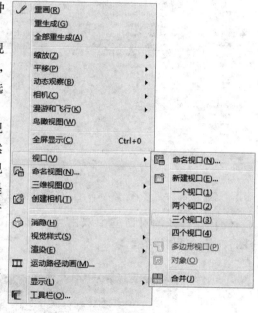

图 6.31 创建的浮动视口菜单

只能在模型空间中进行，而不能在布局空间中进行。用户可以切换到模型空间，对其中的对象进行编辑。

6.2.3.2 绘图设置

AutoCAD 支持多种打印机和绘图仪，还可将图形输出到各种格式的文件。

AutoCAD 将有关介质和打印设备的相关信息保存在打印机配置文件中，该文件以 PC3 为文件扩展名。打印配置是便携式的，并且可以在办公室或项目组中共享（只要它们用于相同的驱动器、型号和驱动程序版本）。Windows 系统打印机共享的打印配置也需要相同的 Windows 版本。如果校准一台绘图仪，校准信息存储在打印模型参数（PMP）文件中，此文件可附加到任何为校准绘图仪而创建的 PC3 文件中。

用户可以为多个设备配置 AutoCAD，并为一个设备存储多个配置。每个绘图仪配置中都包含以下信息：设备驱动程序和型号、设备所连接的输出端口以及设备特有的各种设置等。可以为相同绘图仪创建多个具有不同输出选项的 PC3 文件。创建 PC3 文件后，该 PC3 文件将显示在【打印】对话框的绘图仪配置名称列表中。

1. 创建 PC3 文件

用户可以通过以下方式创建 PC3 文件。

（1）在命令输入行中输入 plottermanager 后按下 Enter 键，或选择【文件】→【绘图仪管理器】菜单命令，或在 Windows 的控制面板中双击【Autodesk 绘图仪管理器】图标。打开如图 6.32 所示的 Plotters 对话框。

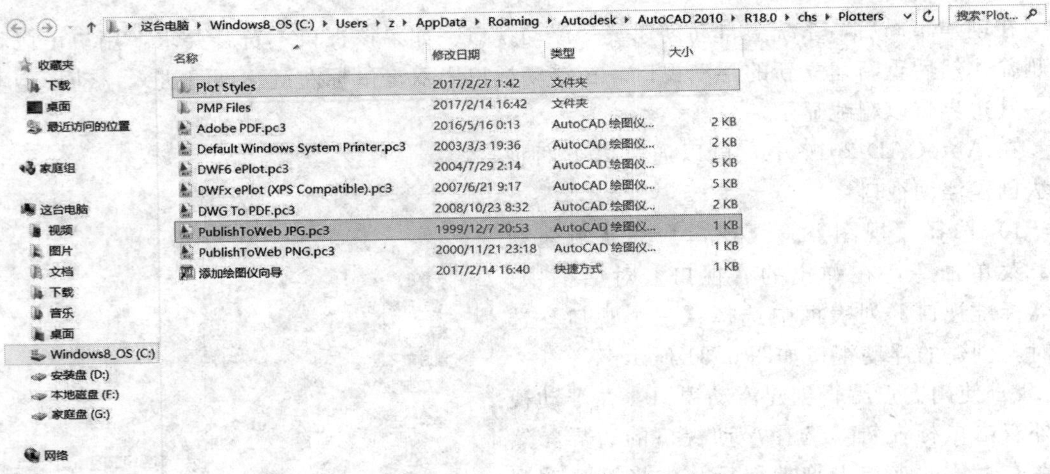

图 6.32　Plotters 对话框

（2）在打开的对话框中双击【添加绘图仪向导】图标，打开如图 6.33 所示的【添加绘图仪-简介】对话框。

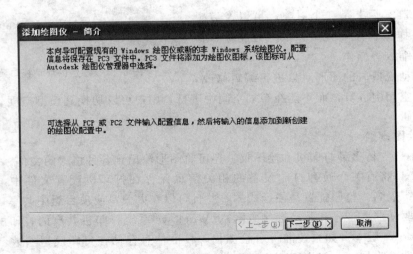

图 6.33　【添加绘图仪-简介】对话框

（3）阅读完其信息后单击【下一步】按钮，进入【添加绘图仪-开始】对话框，如图6.34所示：

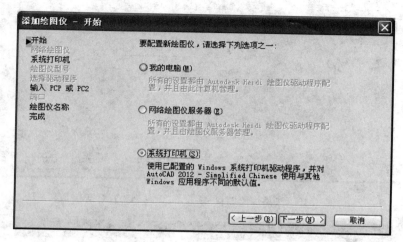

图6.34 【添加绘图仪-开始】对话框

（4）在其中选择【系统打印机】单选按钮，单击【下一步】按钮，打开如图6.35所示的【添加绘图仪-系统打印机】对话框。

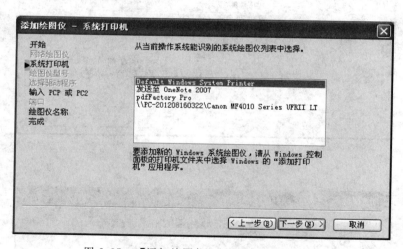

图6.35 【添加绘图仪-系统打印机】对话框

（5）在其中的右边列表中选择要配置的系统打印机，单击【下一步】按钮，打开如图6.36所示的【添加绘图仪-输入PCP或PC2】对话框。

（6）在其中允许用户输入早期版本的AutoCAD创建的PCP或PC2文件的配置信息。用户可以通过单击【输入文件】按钮，输入早期版本的打印机配置信息。

（7）单击【下一步】按钮，打开如图6.37所示的【添加绘图仪-绘图仪名称】对话框，在【绘图仪名称】文本框中输入绘图仪的名称。

（8）单击【下一步】按钮，打开如图6.38所示的【添加绘图仪-完成】对话框。单击【完成】按钮退出【添加绘图仪向导】。

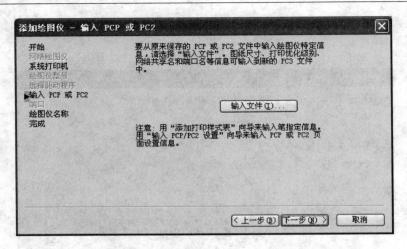

图 6.36 【添加绘图仪-输入 PCP 或 PC2】对话框

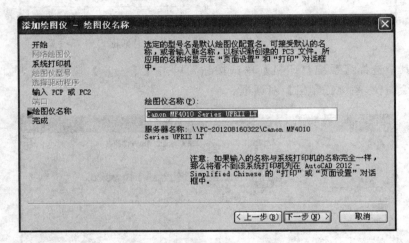

图 6.37 【添加绘图仪-绘图仪名称】对话框

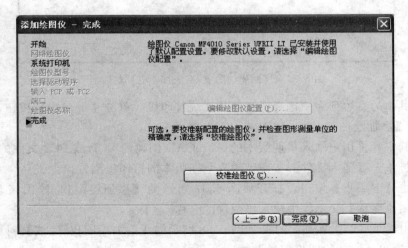

图 6.38 【添加绘图仪-完成】对话框

新配置的绘图仪的 PC3 文件显示在 Plotters 对话框中，在设备列表中将显示可用的绘图仪。

在【添加绘图仪-完成】对话框中，用户还可以单击，【编辑绘图仪配置】按钮来修改绘图仪的默认配置。也可以单击【校准绘图仪】按钮，对新配置的绘图仪进行校准测试。

2. 配置网络非系统绘图仪

配置网络非系统绘图仪的步骤如下：

（1）重复配置系统绘图仪的 1～3 步。

（2）在打开【添加绘图仪-开始】对话框中选择【网络绘图仪服务器】单选按钮后，单击【下一步】按钮，打开如图 6.39 所示的【添加绘图仪-网络绘图仪】对话框。

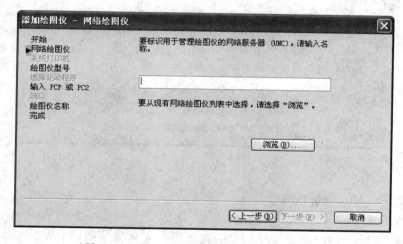

图 6.39　【添加绘图仪-网络绘图仪】对话框

（3）在其中的文本框中输入要使用的网络绘图仪服务器的共享名后单击【下一步】按钮，打开【添加绘图仪-绘图仪型号】对话框。

（4）在其中，用户在【生产商】和【型号】下的列表框中选择相应的厂商和型号后单击【下一步】按钮，打开【添加绘图仪-输入 PCP 或 PC2】对话框。

（5）在其中，允许用户输入早期版本的 AutoCAD 创建的 PCP 或 PC2 文件的配置信息。用户可以通过单击【输入文件】按钮来输入早期版本的绘图仪配置信息，配置完后单击【下一步】按钮，打开【添加绘图仪-绘图仪名称】对话框。

（6）在其中输入绘图仪的名称后，单击【下一步】按钮，打开【添加绘图仪-完成】对话框。

（7）单击【完成】按钮退出【添加绘图仪向导】。

至此，绘图仪的配置完毕。

6.2.3.3　图形输出

AutoCAD 可以将图形输出到各种格式的文件，以方便用户将在 AutoCAD 中绘制好的图形文件在其他软件中继续进行编辑或修改。

1. 输出文件类型

输出的文件类型有：三维 DWF（＊.dwf）、图元文件（＊.wmf）、ACIS（＊.sat）、

平版印刷（∗.stl）、封装 PS（∗.eps）、DXX 提取（∗.dxx）、位图（∗.bmp）、块（∗.dwg）、V8 DGN（∗.DGN）等。选择【文件】→【输出】菜单命令后，可以打开【输出数据】对话框，在其中的【文件类型】下拉列表中就列出了输出的文件类型，如图 6.40 所示。

图 6.40　【输出数据】对话框

下面将介绍部分文件格式的概念。

（1）三维 DWF（∗.dwf）。

可以生成三维模型的 DWF 文件，它的视觉逼真度几乎与原始 DWG 文件相同。可以创建一个单页或多页 DWF 文件，该文件可以包含二维和三维模型空间对象。

（2）图元文件（∗.wmf）。

许多 Windows 应用程序都使用 WMF 格式。WMF（Windows）图元文件格式文件包含矢量图形或光栅图形格式。只在矢量图形中创建 WMF 文件。矢量格式与其他格式相比，能实现更快的平移和缩放。

（3）ACIS（∗.sat）。

可以将某些对象类型输出到 ASCII（SAT）格式的 ACIS 文件中。

可将代表修剪过的 NURBS 曲面、面域和实体的 ShapeManager 对象输出到 ASCII（SAT）格式的 ACIS 文件中。其他一些对象，例如线和圆弧，将被忽略。

（4）平版印刷（∗.stl）。

可以使用与平板印刷设备（SAT）兼容的文件格式写入实体对象。实体数据以三角形网格面的形式转换为 SLA。SLA 工作站使用该数据来定义代表部件的一系列图层。

（5）封装 PS（∗.eps）。

可以将图形文件转换为 PostScript 文件，很多桌面发布应用程序都使用该文件格式。

许多桌面发布应用程序使用 PostScript 文件格式类型，其高分辨率的打印能力使其更适用于光栅格式，例如 GIF、PCX 和 TIFF。将图形转换为 PostScript 格式后，也可以使用 PostScript 字体。

2. 输出 PDF 文件

在 AutoCAD 2010 中，新增了直接输出 PDF 文件的功能，下面介绍它的使用方法。

在【三维建模】模式下打开功能区的【输出】选项卡，可以看到【输出为 DWF/PDF】面板，如图 6.41 所示。

图 6.41　【输出】选项卡

在其中单击 PDF 按钮，就可以打开【另存为 PDF】对话框，如图 6.42 所示，设置好文件名后，单击【保存】按钮，即可输出 PDF 文件。

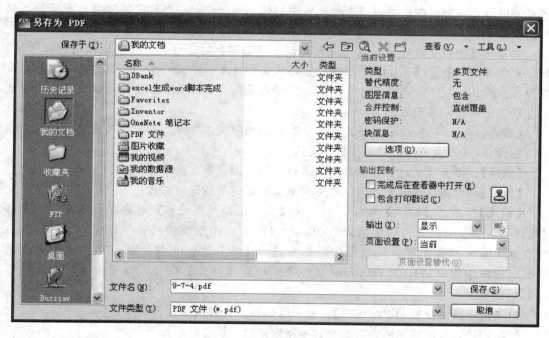

图 6.42　【另存为 PDF】对话框

6.2.3.4　页面设置

通过页面设置，准备好要打印或发布的图形。这些设置连同布局都保存在图形文件中。建立布局后，可以修改页面设置中的设置或应用其他页面设置。用户可以通过以下步骤设置页面。

1. 页面设计管理器

【页面设置管理器】的设置方法如下。

（1）选择【文件】→【页面设置管理器】菜单命令或在命令输入行中输入 pagesetup 后按下 Enter 键。然后 AutoCAD 会自动打开【页面设置管理器】对话框。

（2）【页面设置管理器】对话框可以为当前布局或图纸指定页面设置。也可以创建命名页面设置、修改现有页面设置，或从其他图纸中输入页面设置。

1）【当前布局】：列出要应用页面设置的当前布局。如果从图纸集管理器打开页面设置管理器．则显示当前图纸集的名称。如果从某个布局打开页面设置管理器，则显示当前布局的名称。

2）【页面设置】选项组。

【当前页面设置】：显示应用于当前布局的页面设置。由于在创建整个图纸集后，不能再对其应用页面设置，因此，如果从【图纸集管理器】中打开【页面设置管理器】，将显示"不适用"。

页面设置列表框：列出可应用于当前布局的页面设置，或列出发布图纸集时可用的页面设置。

如果从某个布局打开【页面设置管理器】，则默认选择当前页面设置。列表包括可在图纸中应用的命名页面设置和布局。已应用命名页面设置的布局括在星号内，所应用的命名页面设置括在括号内。可以双击此列表中的某个页面设置，将其设置为当前布局的当前页面设置。

如果从【图纸集管理器】打开【页面设置管理器】对话框，将只列出其【打印区域】被设置为【布局】或【范围】的页面设置替代文件（图形样板［.dwt］文件）中的命名页面设置。默认情况下，选择列表中的第一个页面设置。PUBLISH 操作可以临时应用这些页面设置中的任一种设置。

【置为当前】：将所选页面设置为当前布局的当前页面设置。不能将当前布局设置为当前页面设置：【置为当前】对图纸集不可用。

【新建】：单击【新建】按钮，可以进行新的页面设置。

【修改】：单击【修改】按钮，可以对页面设置的参数进行修改。

【输入】：单击【输入】按钮，显示从【文件选择页面设置】对话框（标准文件选择对话框），从中可以选择图形格式（DWG）、DWT 或图形交换格式（DXF）文件，从这些文件中输入一个或多个页面设置。如果选择 DWT 文件类型，从【文件选择页面设置】对话框中将自动打开 Template 文件夹。单击【打开】按钮，将显示【输入页面设置】对话框。

3）【选定页面设置的详细信息】：显示所选页面设置的信息。

【设备名】：显示当前所选页面设置中指定的打印设备的名称。

【绘图仪】：显示当前所选页面设置中指定的打印设备的类型。

【打印大小】：显示当前所选页面设置中指定的打印大小和方向。

【位置】：显示当前所选页面设置中指定的输出设备的物理位置。

【说明】：显示当前所选页面设置中指定的输出设备的说明文字。

4）【创建新布局时显示】：指定当选中新的布局选项卡或创建新的布局时，显示【页面设置】对话框。需要重置此功能，则在【选项】对话框的【显示】选项卡上选中新建布局时显示【页面设置】对话框选项。

2. 新建页面设计

下面介绍新建页面设置的具体方法。

在【页面设置管理器】对话框中单击【新建】按钮，显示【新建页面设置】对话框，如图 6.43 所示，从中可以为新建页面设置输入名称，并指定要使用的基础页面设置。

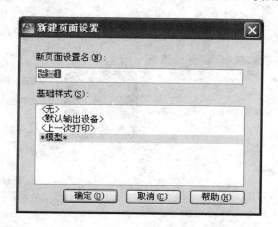

图 6.43 【新建页面设置】对话框

（1）【新页面设置名】：指定新建页面设置的名称。

（2）【基础样式】：指定新建页面设置要使用的基础页面设置。单击【确定】按钮，将显示【页面设置】对话框以及所选页面设置的设置，必要时可以修改这些设置。

如果从图纸集管理器打开【新建页面设置】对话框，将只列出页面设置替代文件中的命名页面设置。

【＜无＞】：指定不使用任何基础页面设置。可以修改【页面设置】对话框中显示的默认设置。

【＜默认输出设备＞】：指定将【选项】对话框的【打印和发布】选项卡中指定的默认输出设备设置为新建页面设置的打印机。

＊模型＊：指定新建页面设置使用上一个打印作业中指定的设置。

3. 修改页面设计

下面介绍修改页面设置的具体方法。

在【页面设置管理器】对话框中单击【修改】按钮，显示【页面设置-模型】对话框，如图 6.44 所示，从中可以编辑所选页面设置的设置。

（1）【图纸尺寸】：显示所选打印设备可用的标准图纸尺寸。例如 A4、A3、A2、A1、B5、B4 等。如图 6.45 所示的【图纸尺寸】下拉列表框，如果未选择绘图仪，将显示全部标准图纸尺寸的列表以供选择。

如果所选绘图仪不支持布局中选定的图纸尺寸，将显示警告，用户可以选择绘图仪的默认图纸尺寸或自定义图纸尺寸。

使用【添加绘图仪】向导创建 PC3 文件时，将为打印设备设置默认的图纸尺寸。在【页面设置】对话框中选择的图纸尺寸将随布局一起保存，并将替代 PC3 文件设置。

页面的实际可打印区域（取决于所选打印设备和图纸尺寸）在布局中由虚线表示。

如果打印的是光栅图像（如 BMP 或 TIFF 文件），打印区域大小的指定将以像素为单位而不是英寸或毫米。

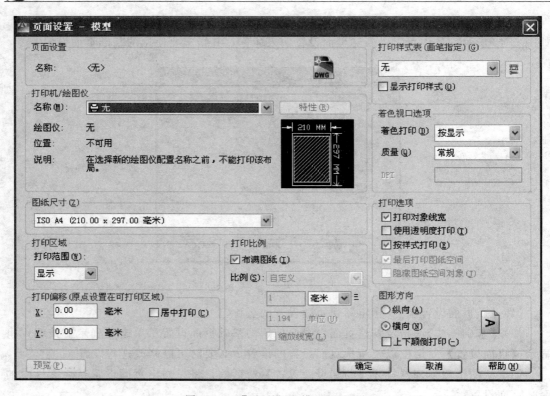

图 6.44 【页面设置-模型】对话框

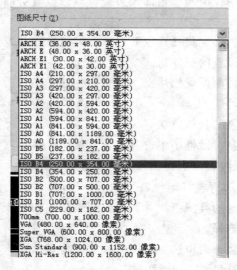

图 6.45 【图纸尺寸】下拉列表框

（2）【打印区域】：指定要打印的图形区域。在【打印范围】下拉列表框中，可以选择要打印的图形区域。

【窗口】：打印指定的图形部分。指定要打印区域的两个角点时，【窗口】按钮才可用。单击【窗口】按钮以使用定点设备指定要打印区域的两个角点，或输入坐标值。

【范围】：打印包含对象的图形的部分当前空间。当前空间内的所有几何图形都将被打印。打印之前，可能会重新生成图形以重新计算范围。

【图形界限】：打印布局时，将打印指定图纸尺寸的可打印区域内的所有内容，其原点从布局中的（0，0）点计算得出。

从【模型】选项卡打印时，将打印栅格界限定义的整个图形区域。如果当前视口不显示平面视图，该选项与【范围】选项效果相同。

【显示】：打印【模型】选项卡当前视口中的视图或【布局】选项卡上当前图纸空间视图中的视图。

（3）【打印偏移】：根据【指定打印偏移时相对于】选项（【选项】对话框的【打印和发布】选项卡）中的设置，指定打印区域相对于可打印区域左下角或图纸边界的偏移。【页面设置-模型】对话框的【打印偏移】区域在括号中显示指定的打印偏移选项。

图纸的可打印区域由所选输出设备决定，在布局中以虚线表示。修改为其他输出设备时，可能会修改可打印区域。

通过在"X偏移"和"Y偏移"文本框中输入正值或负值，可以偏移图纸上的几何图形。图纸中的绘图仪单位为英寸或毫米。

【居中打印】：自动计算"X偏移"和"Y偏移"值，在图纸上居中打印。当【打印区域】设置为【布局】时，此选项不可用。

X：相对于【打印偏移定义】选项中的设置指定 X 方向上的打印原点。

Y：相对于【打印偏移定义】选项中的设置指定 Y 方向上的打印原点。

（4）【打印比例】：控制图形单位与打印单位之间的相对尺寸。打印布局时，默认缩放比例设置为1：1。从【模型】选项卡打印时，默认设置为【布满图纸】。

注意：如果在【打印区域】中指定了【布局】选项，那么无论在【比例】中指定了何种设置，都将以1：1的比例打印布局。

【布满图纸】：缩放打印图形以布满所选图纸尺寸。

【比例】：定义打印的精确比例。"自定义"可定义用户定义的比例。可以通过输入与图形单位数等价的英寸（或毫米）数来创建自定义比例。

【英寸/毫米】：指定与指定的单位数等价的英寸数或毫米数。

【单位】：指定与指定的英寸数、毫米数或像素数等价的单位数。

【缩放线宽】：与打印比例成正比缩放线宽。线宽通常指定打印对象的线的宽度并按线宽尺寸打印，而不考虑打印比例。

（5）【着色视口选项】：指定着色和渲染视口的打印方式，并确定它们的分辨率大小和每英寸点数（DPI）。

【着色打印】：指定视图的打印方式。要为【布局】选项卡上的视口指定此设置，请选择该视口，然后在【工具】菜单中单击【特性】按钮。

在【着色打印】下拉列表框中，如图6.46所示，可以选择以下选项：

【按显示】：按对象在屏幕上的显示方式打印。

【传统线框】：在线框中打印对象，不考虑其在屏幕上的显示方式。

【传统隐藏】：打印对象时消除隐藏线，不考虑其在屏幕上的显示方式。

【概念】：打印对象时应用"概念"视觉样式，不考虑其在屏幕上的显示方式。

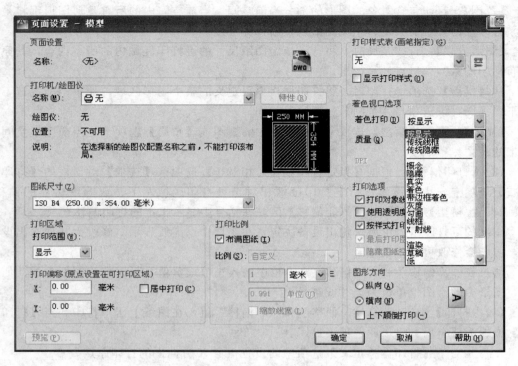

图 6.46　【着色打印】下拉列表框

【真实】：打印对象时应用"真实"视觉样式，不考虑其在屏幕上的显示方式。

【渲染】：按渲染的方式打印对象，不考虑其在屏幕上的显示方式。

【质量】：指定着色和渲染视口的打印分辨率。

（6）【打印选项】：指定线宽、打印样式、着色打印和对象的打印次序等选项。

【打印对象线宽】：指定是否打印为对象或图层指定的线宽。

【使用透明度打印】：将对象使用不同的透明度进行打印。

【按样式打印】：指定是否打印应用于对象和图层的打印样式。如果选择该选项，也将自动选择【打印对象线宽】。

【最后打印图纸空间】：首先打印模型空间几何图形。通常先打印图纸空间几何图形，然后再打印模型空间几何图形。

【隐藏图纸空间对象】：指定 HIDE 操作是否应用于图纸空间视口中的对象。此选项仅在布局选项卡中可用。此设置的效果反映在打印预览中，而不反映在布局中。

（7）【图形方向】：为支持纵向或横向的绘图仪指定图形在图纸上的打印方向。

【纵向】：放置并打印图形，使图纸短边位于图形页面的顶部。

【横向】：放置并打印图形，使图纸长边位于图形页面的顶部。

【上下颠倒打印】：上下颠倒地放置并打印图形。

6.2.3.5　打印设置

用户设置好所有的配置后，单击【输出】选项卡中【打印】面板上的【打印】按钮或在命令输入行中输入 plot 后按下 Enter 键或按下 Ctrl＋P 键，或选择【文件】→【打印】

菜单命令，打开如图6.47所示的【打印-模型】对话框。在该对话框中，显示了用户最近设置的一些选项，用户还可以更改这些选项，如果用户认为设置符合用户的要求，则单击【确定】按钮，AutoCAD即会自动开始打印。

图 6.47 【打印-模型】对话框

1. 打印预览

在将图形发送到打印机或绘图仪之前，最好先生成打印图形的预览。生成预览可以节约时间和材料。

用户可以从对话框预览图形。预览显示图形在打印时的确切外观，包括线宽、填充图案和其他打印样式选项。

预览图形时，将隐藏活动工具栏和工具选项板，并显示临时的【预览】工具栏，提供打印、平移和缩放图形的按钮。

在【打印】和【页面设置】对话框中，缩微预览还在页面上显示可打印区域和图形的位置。

预览打印的步骤如下：

（1）选择【文件】→【打印】菜单命令，打开【打印】对话框。

（2）在【打印】对话框中，单击【预览】按钮。

（3）打开【预览】窗口，光标将改变为实时缩放光标。

（4）单击鼠标右键可显示包含以下选项的快捷菜单，【打印】【平移】【缩放】【缩放窗口】或【缩放为原窗口】（缩放至原来的预览比例）。

（5）按Esc键退出预览并返回到【打印】对话框。

（6）如果需要，继续调整其他打印设置，然后再次预览打印图形。

（7）设置正确之后，单击【确定】按钮以打印图形。

2．打印图片

绘制图形后，可以使用多种方法输出。可以将图形打印在图纸上，也可以创建成文件以供其他应用程序使用。以上两种情况都需要进行打印设置。

打印图形的步骤如下：

（1）选择【文件】【打印】菜单命令，打开【打印】对话框。

（2）在【打印】对话框的【打印机/绘图仪】下，从【名称】列表框中选择一种绘图仪。如图 6.48 所示为【名称】下拉列表框。

图 6.48　【名称】下拉列表框

（3）在【图纸尺寸】下拉列表框中选择图纸尺寸。在【打印份数】中，输入要打印的份数。在【打印区域】选项组中，指定图形中要打印的部分。在【打印比例】选项组中，从【比例】下拉列表框中选择缩放比例。

（4）有关其他选项的信息，单击【更多选项】按钮。

（5）在【打印样式表（画笔指定）】下拉列表框中选择打印样式表。在【着色视口选项】和【打印选项】选项组中，选择适当的设置。在【图形方向】选项组中，选择一种方向。

（6）单击【确定】按钮即可进行最终的打印。

习　　题

1. 根据图 6.49 所示，按 1∶100 比例绘制，并设置为 A3 图纸打印。

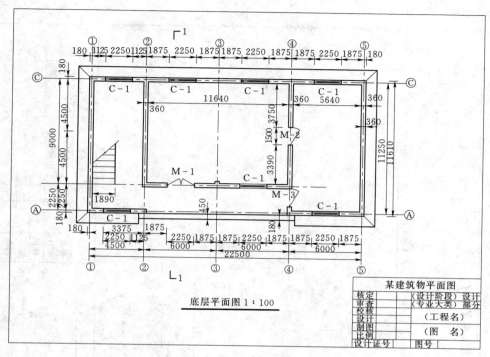

图 6.49　习题 1 图

2. 按图 6.50 所示 1：1 比例绘制，并用 3 个视口设置形式打印在 A3 图纸上。

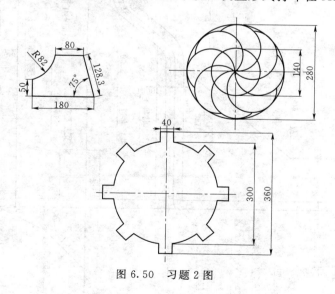

图 6.50　习题 2 图

实 操 题

用 A3 图幅按图示比例抄绘下面碾压混凝土重力坝剖面图，以"01.dwg"为文件名保存。

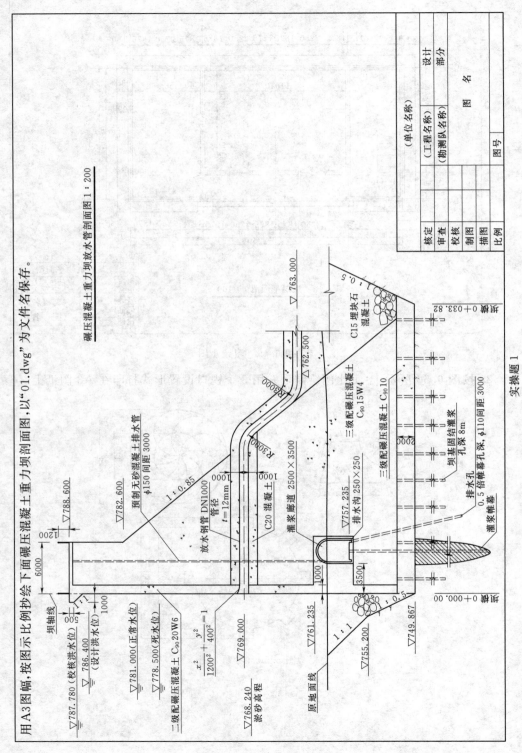

碾压混凝土重力坝放水管剖面图 1 : 200

实操题 1

用 A3 图幅，按照要求设置绘图环境，按图中所标比例抄绘重力坝剖面图，以"02.dwg"为文件名保存。

重力坝剖面图 1：400

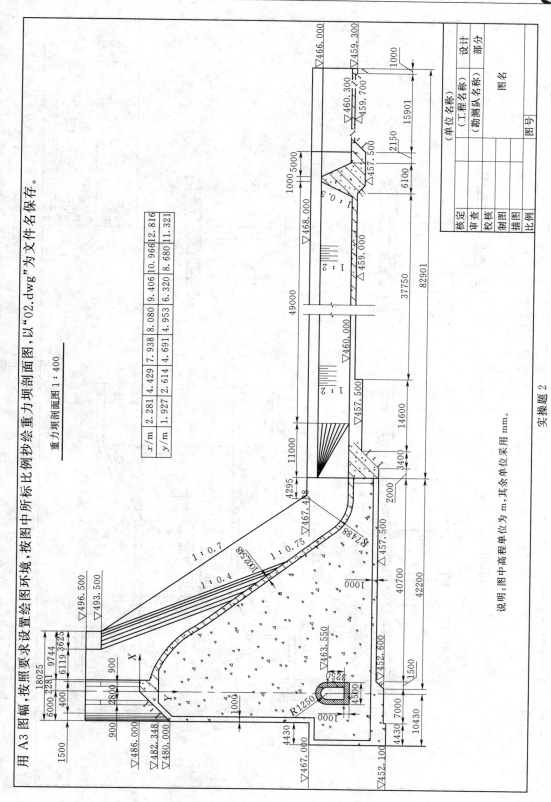

x/m	2.281	4.429	7.938	8.080	9.406	10.966	12.816
y/m	1.927	2.614	4.691	4.953	6.320	8.680	11.321

实操题 2

说明：图中高程单位为 m，其余单位采用 mm。

核定		设计	（单位名称）
审查			（工程名称）
校核		图名	
制图			（勘测队名称）
描图			
比例		图号	部分

181

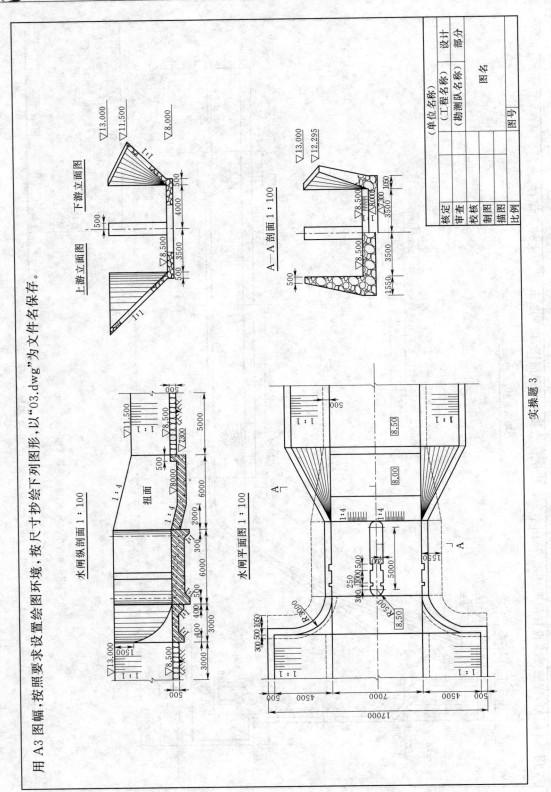

用 A3 图幅，按照要求设置绘图环境，按尺寸抄绘下列图形，以"03.dwg"为文件名保存。

实操题 3

182

用 A3 图幅,按照要求设置绘图环境,用 1:100 的比例按尺寸抄绘下面图形中的纵剖视图和平面图,包括图名、尺寸及其他标注。其余图形为参照图形不需要绘制,以"04.dwg"为文件名保存。

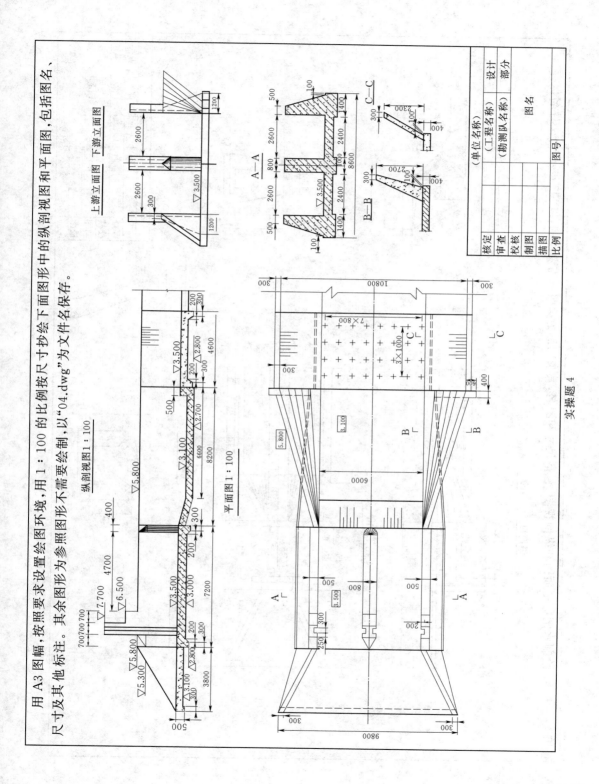

用 A3 的图幅,绘制水闸的平面图和纵剖视图,包括尺寸和图名,其余图形为参照不需要绘制,以"05.dwg"为文件名保存。

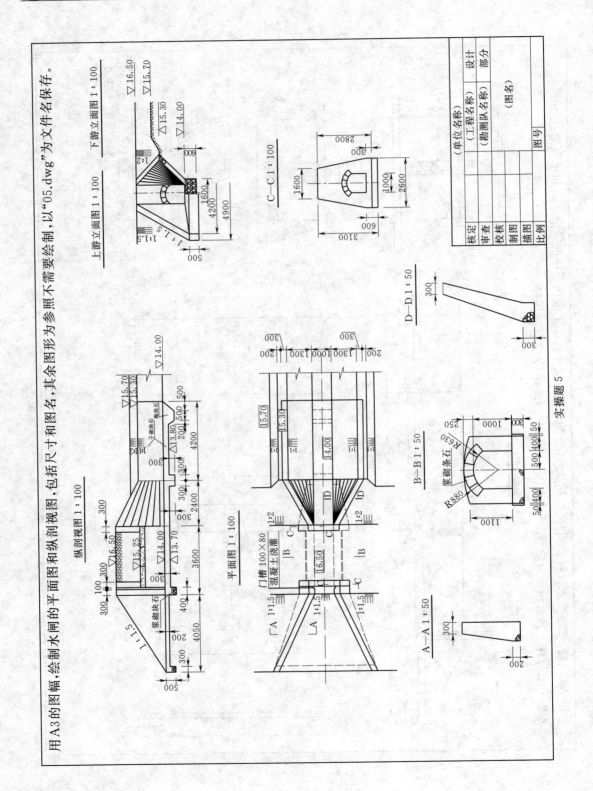

实操题 5

184

用 A3 图幅，按照要求设置绘图环境，用 1：50 的比例抄绘下面的图形，包括尺寸和图名，并以"06.dwg"为文件名保存。

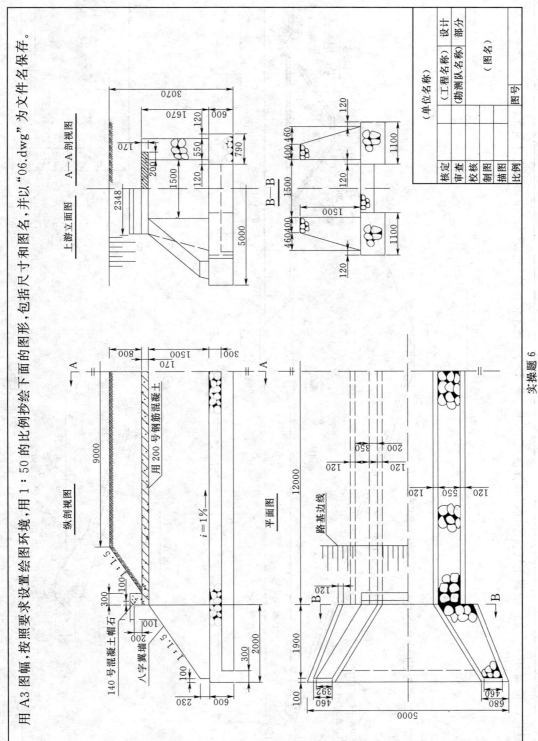

用 A3 图幅，用 1∶200 绘制土坝横断面图并标注尺寸，其余图形为参照不需要绘制，以"07.dwg"为文件名保存。

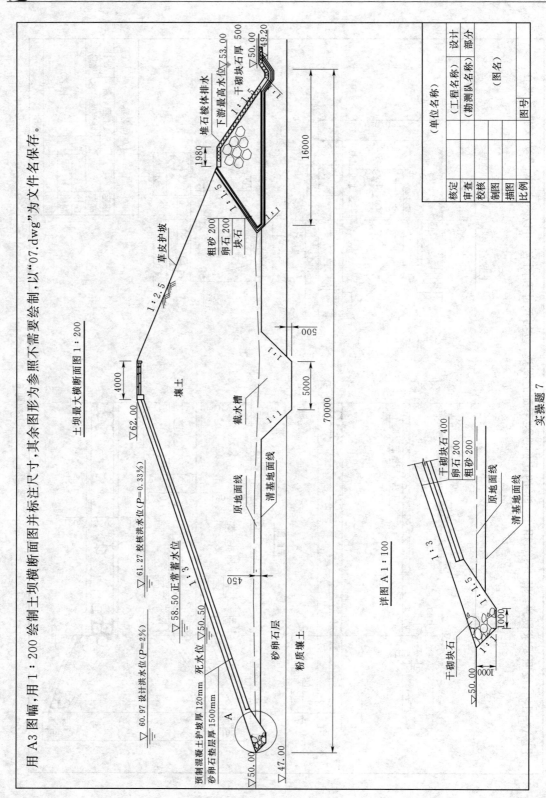

实操题 7

用 A3 图幅,按要求设置绘图环境,用 1∶100 的比例抄绘下面的图形,包括尺寸图和图,并以"08.dwg"为文件名保存。

溢流坝剖面曲线外形坐标

X	0	200	400	600	800	1000	1200	1400	1600	1800	2000	R1	R2	R3
Y	0	20	70	150	250	380	530	700	900	1110	1350	700	280	56

计算公式: $Y = 0.7(X/1.4)^{1.85}$

溢流面大样 1∶20

	（单位名称）	
	（工程名称）	设计
	（勘测队名称）	部分
		（图名）
核定		
审查		
校核		
制图		
描图		
比例		图号

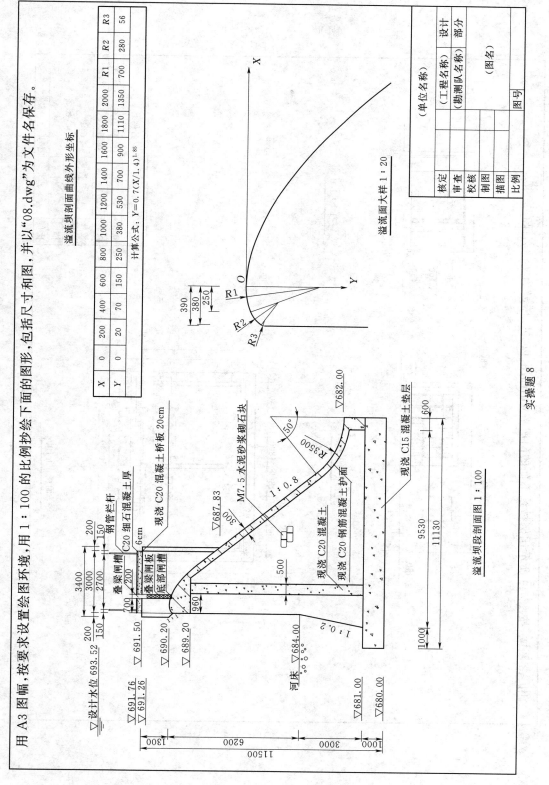

溢流坝段剖面图 1∶100

实操题 8

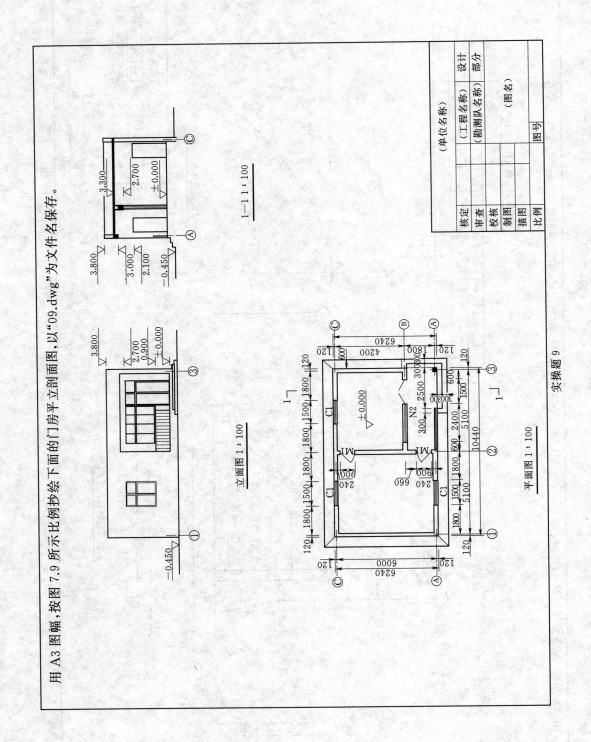

用 A3 图幅,按图 7.9 所示比例抄绘下面的门房平立剖面图,以"09.dwg"为文件名保存。

实操题 9

用 A3 图幅，用 1∶100 的比例抄绘平面图和立面图，并以"10.dwg"为文件名保存。

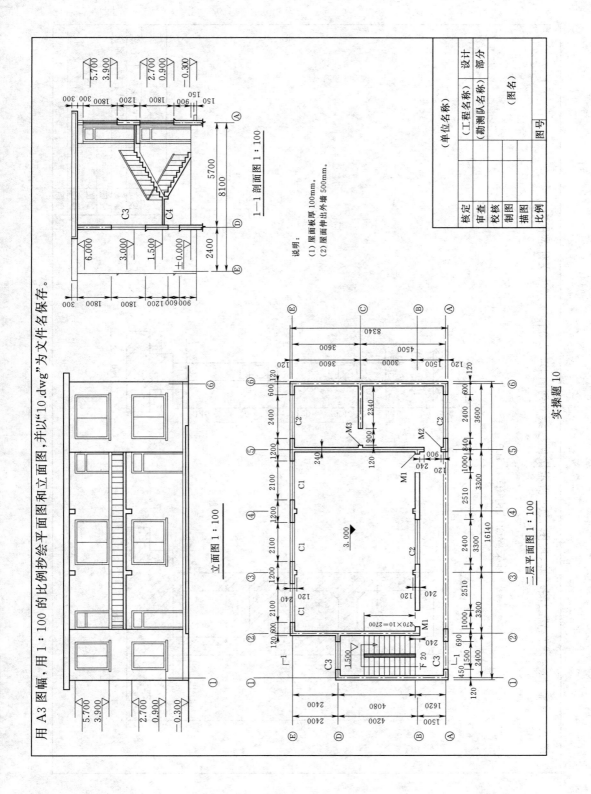

1—1 剖面图 1∶100

说明：

(1) 屋面板厚 100mm。

(2) 屋面伸出外墙 500mm。

立面图 1∶100

二层平面图 1∶100

实操题 10

用 A3 图幅，按要求设置绘图环境，用图 7.11 所示比例抄绘下列图形，以"11.dwg"为文件名保存。

排架剖面结构图图 1：100

实操题 11

用 A3 图幅，按要求设置绘图环境，用 1∶25 的比例抄绘下面的图形，包括尺寸和图名，并以"12.dwg"为文件名保存。

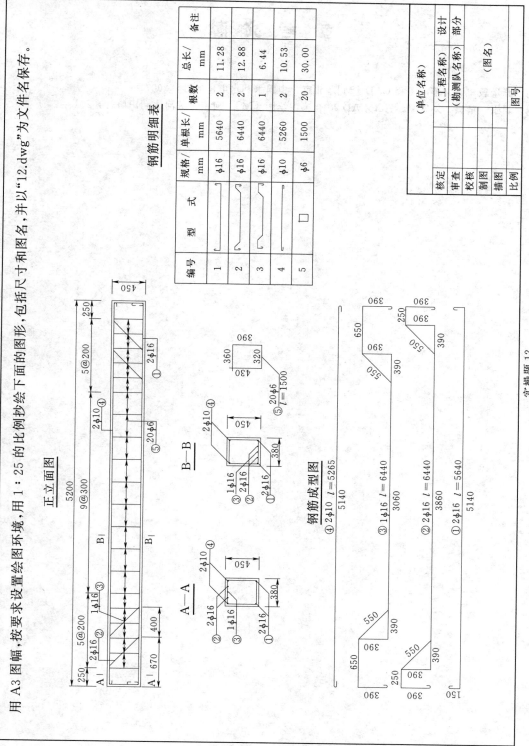

钢筋明细表

编号	型式	规格/mm	单根长/mm	根数	总长/mm	备注
1		φ16	5640	2	11.28	
2		φ16	6440	2	12.88	
3		φ16	6440	1	6.44	
4		φ10	5260	2	10.53	
5		φ6	1500	20	30.00	

（单位名称）		
（工程名称）	设计	
（勘测队名称）	部分	
		（图名）
核定		
审查		
校核		
制图		
描图		
比例	图号	

实操题 12

参 考 文 献

[1] 龚景毅，汪文萍. 工程 CAD [M]. 北京：中国水利水电出版社，2007.
[2] 刘娟，董岚，刘军号. AutoCAD 2010 工程绘图 [M]. 河南：黄河水利出版社，2015.